I costruttori di Dio

In che modo le credenze hanno plasmato il nostro mondo?

I0407673

Contenuti

Le religioni e le filosofie indigene: diversità ed armonia con la natura

L'arte, la letteratura e la credenza: espressione e diffusione delle idee spirituali

Le piramidi d'Egitto: I monumenti del potere divino

I templi greci e romani: gli dei del Mediterraneo

Il buddhismo e l'induismo: L'emergere dei templi in Asia

Le opere mesoamericane: Le piramidi precolombiane

Origini e fondamenti delle credenze

Definizioni di credenza, religione e spiritualità

La credenza, la religione e la spiritualità sono concetti fondamentali che hanno influenzato il pensiero e le pratiche umane per migliaia di anni. Sebbene spesso siano collegati tra loro, questi termini hanno significati distinti e sfumati.

La credenza può essere definita come una convinzione o una fiducia in qualcosa che non è necessariamente basata su prove tangibili. Le credenze possono essere legate a idee, valori, pratiche e comportamenti che spesso sono trasmessi di generazione in generazione. Possono essere di natura religiosa o non religiosa e possono variare notevolmente da una cultura all'altra. Alcune credenze possono essere considerate superstizioni, mentre altre sono considerate come verità assolute.

La religione, d'altra parte, è spesso considerata una forma organizzata di credenza che comporta un insieme di rituali, pratiche e regole. Le religioni spesso condividono sistemi di credenze, tradizioni e insegnamenti che definiscono come i fedeli praticano la loro fede. Le religioni tendono anche ad avere una struttura gerarchica e sono rappresentate da leader religiosi. Possono essere monoteiste o politeiste e possono avere pratiche incentrate sul culto di divinità, meditazione, preghiera o altre forme di pratica spirituale.

La spiritualità, d'altra parte, può essere considerata come un'esperienza personale nella ricerca di senso e comprensione di sé e del mondo che ci circonda. Spesso è legata ad esperienze trascendentali o mistiche e può essere basata sulla credenza in qualcosa di più grande di sé, come l'Universo, la natura o un Dio. Può essere praticata attraverso rituali o pratiche come la meditazione, la preghiera o l'osservazione della natura.

Anche se questi termini sono distinti, non sono mutuamente esclusivi e spesso si sovrappongono. Ad esempio, una persona può avere una pratica spirituale personale che non sia legata a una religione organizzata, o una persona può avere credenze religiose basate su una comprensione personale della spiritualità piuttosto che su insegnamenti dogmatici.

Le credenze, le religioni e la spiritualità hanno avuto un impatto significativo sulla cultura e sulla società durante la storia dell'umanità. Hanno influenzato il modo in cui le persone vivono, pensano e interagiscono tra loro. Hanno anche ispirato la creazione di numerosi capolavori artistici e architettonici, tra cui cattedrali, templi e moschee.

Esplorando le origini e lo sviluppo di questi concetti, possiamo comprendere meglio come hanno influenzato il pensiero umano, le pratiche e gli achievement architettonici e artistici in tutto il mondo. Possiamo anche vedere come questi concetti si sono evoluti nel tempo e come continuano a influenzare il nostro mondo oggi.

Teorie sull'origine delle credenze

Le teorie sull'origine delle credenze hanno suscitato numerosi dibattiti nel corso dei secoli. Ricercatori, teologi e filosofi hanno proposto varie teorie per spiegare come le credenze siano emerse e si siano sviluppate nella storia dell'umanità. Queste teorie si basano su prove archeologiche, antropologiche, storiche e psicologiche.

Una delle prime teorie per spiegare l'origine delle credenze è la teoria dell'animismo. Questa teoria suggerisce che le prime credenze umane si basavano sull'idea che tutti gli esseri, viventi o non viventi, possedessero un'anima o una forza vitale. Gli animali, le piante, le rocce, i fiumi e persino gli oggetti inanimati erano considerati come avendo spiriti. Gli antenati erano anche venerati e il loro spirito era considerato come avendo un ruolo nella protezione della comunità.

Un'altra teoria è la teoria della magia e della stregoneria. Questa teoria suggerisce che le prime credenze umane si basavano sulla pratica della magia e della stregoneria. Le persone credevano che poteri soprannaturali potessero essere utilizzati per influenzare il mondo fisico. Stregoni, sciamani e sacerdoti erano considerati come avendo poteri speciali per comunicare con gli spiriti e per lanciare incantesimi.

Una terza teoria è la teoria dello sciamanismo. Questa teoria suggerisce che le prime credenze umane si basavano sul ruolo degli sciamani e dei guaritori. Gli sciamani erano considerati come avendo poteri soprannaturali per comunicare con gli spiriti e per curare i malati. Le cerimonie di guarigione erano spesso associate a rituali e pratiche religiose.

Un'altra teoria è la teoria della religione naturale. Questa teoria suggerisce che le prime credenze umane si basavano sull'osservazione della natura. Elementi naturali come il sole, la luna, le stelle, le montagne e i fiumi erano venerati e considerati come avendo poteri soprannaturali. Le pratiche religiose erano spesso associate a festività e rituali legati alla natura.

Infine, la teoria della cognizione religiosa è una teoria moderna che suggerisce che le credenze religiose sono un prodotto della cognizione umana. Secondo questa teoria, la religione è una risposta naturale al modo in cui la nostra mente elabora le informazioni. Gli esseri umani tendono a vedere modelli e intenzioni negli eventi, anche quando sono casuali o indipendenti da qualsiasi intervento divino.

Un approccio teorico alternativo all'origine delle credenze

Le teorie sull'origine delle credenze possono essere immaginate secondo diversi punti di vista. Comprendere che non esiste un modo unico di affrontare la questione dell'origine delle credenze ci fa capire che la verità sul soggetto non è così facile da afferrare. Antropologi, archeologi, storici delle religioni e psicologi hanno tutti proposto spiegazioni diverse per spiegare perché gli esseri umani hanno sviluppato credenze religiose. Sebbene queste teorie possano divergere, hanno tutte lo scopo di comprendere perché gli esseri umani hanno creato credenze religiose e spirituali.

La prima teoria propone che le credenze religiose siano il risultato della paura dell'ignoto e dell'imprevedibile. Per molte società primitive, i fenomeni naturali come tempeste, terremoti ed eruzioni vulcaniche erano considerati manifestazioni dell'ira divina. Gli esseri umani hanno quindi cercato di placare gli dei offrendo loro sacrifici e praticando rituali religiosi. Questa teoria spiega perché le credenze religiose sono spesso associate alla protezione dalle forze naturali, alla guarigione delle malattie e alla ricerca della prosperità.

Una seconda teoria propone che le credenze religiose siano il risultato dell'evoluzione biologica. Secondo questa teoria, gli esseri umani sono programmati per credere a forze superiori ed entità invisibili. Questa credenza sarebbe un vantaggio evolutivo in quanto consentirebbe di creare legami sociali più forti all'interno delle comunità umane. Le credenze religiose sono state anche un fattore determinante nella creazione di codici morali e leggi che hanno regolato i comportamenti umani.

Una terza teoria propone che le credenze religiose siano nate dalla fascinazione umana per i misteri dell'universo. Gli esseri umani hanno sempre cercato di comprendere le origini dell'universo, della vita e della morte. Le credenze religiose sarebbero quindi emerse dalla necessità di dare un senso a queste questioni esistenziali.

Una quarta teoria propone che le credenze religiose siano

il risultato della manipolazione politica e sociale. Secondo questa teoria, i leader religiosi avrebbero creato credenze religiose per rafforzare il loro potere e la loro autorità sulle popolazioni. Le credenze religiose sarebbero state utilizzate come strumento di controllo sociale e politico.

Infine, una quinta teoria propone che le credenze religiose siano il risultato dell'esperienza mistica. Secondo questa teoria, le credenze religiose sarebbero nate dall'esperienza diretta del trascendimento e della spiritualità. Individui che hanno vissuto esperienze mistiche avrebbero quindi creato credenze religiose per descrivere e condividere le loro esperienze.

Queste diverse teorie non sono mutuamente esclusive ed è probabile che molte di esse abbiano contribuito all'emergere delle credenze religiose in diverse culture e periodi della storia umana. Alla fine, l'origine delle credenze religiose è un argomento complesso e affascinante che continua ad essere studiato da esperti in molti diversi campi.

La nascita delle religioni e dei miti

La nascita delle religioni e dei miti risale a migliaia di anni prima della nostra era, quando le società umane iniziarono a cercare risposte alle domande fondamentali sulla vita, la morte, la natura, l'universo e l'esistenza di forze soprannaturali. Le teorie sull'origine delle credenze sono numerose, spaziando dalle spiegazioni psicologiche e sociologiche alle spiegazioni mitologiche e spirituali.

Alcune teorie sostengono che le credenze sono il risultato della proiezione della psiche umana sull'ambiente naturale, creando così forze divine e mistiche. Altre teorie suggeriscono che le credenze sono emerse in risposta ai fenomeni naturali come tempeste, eclissi, terremoti e altri fenomeni che sembravano inspiegabili. Qualunque sia la teoria, è evidente che le credenze e i miti hanno svolto un ruolo essenziale nella costruzione della cultura e della società umane.

La nascita delle religioni e dei miti è stata influenzata dalle esperienze umane come la morte, la malattia, la guerra, la carestia, la caccia e l'agricoltura. Le società primitive hanno cercato di spiegare queste esperienze creando storie mitiche su dei, dee, eroi e creature soprannaturali. Questi miti sono stati utilizzati per dare un senso all'esistenza, giustificare i comportamenti e le pratiche sociali, stabilire codici morali e rafforzare i legami comunitari.

I primi miti e credenze erano spesso legati alla natura e ai suoi elementi, come il sole, la luna, le stelle, le piante, gli animali e le forze naturali come il vento e la pioggia. Questi elementi sono stati considerati divini e sono stati venerati sotto forma di dei e dee. Le prime religioni politeiste si caratterizzavano per complessi panteoni di divinità che avevano ruoli e funzioni specifiche nella vita delle persone.

Allo stesso tempo, gli sciamani e le guide spirituali erano figure importanti nelle società primitive, agendo come intermediari tra gli esseri umani e le forze soprannaturali. Hanno utilizzato pratiche come la meditazione, la trance, i rituali e gli sacrifici per comunicare con gli dei e gli spiriti.

Nel corso del tempo, le religioni si sono evolute e hanno assunto nuove forme. Le grandi religioni monoteiste sono emerse lungo la storia, con l'ebraismo, il cristianesimo e l'islam, ognuna con la propria storia, dottrina e pratica. Le religioni orientali come il buddhismo, l'induismo, il taoismo e il confucianesimo sono emerse anche in contesti diversi e hanno influenzato il pensiero e la cultura di milioni di persone.

In sintesi, la nascita delle religioni e dei miti risale a tempi antichi in cui le società umane hanno iniziato a cercare risposte a domande fondamentali sulla vita e sull'universo. Le credenze sono emerse in risposta alle esperienze umane come la morte, la malattia, la guerra e la carestia e sono state utilizzate per dare un senso all'esistenza, giustificare i comportamenti sociali, stabilire codici morali e rafforzare i legami comunitari. I primi miti e credenze erano legati alla natura e ai suoi elementi, mentre gli sciamani e le guide spirituali erano figure importanti nelle società primitive. Le religioni si sono evolute nel tempo, con l'emergere di grandi religioni politeiste e monoteiste, nonché di religioni orientali come il buddismo e l'induismo.

Il ruolo degli sciamani e delle guide spirituali

Il ruolo degli sciamani e delle guide spirituali è stato cruciale nella formazione e nell'evoluzione delle credenze in tutto il mondo. Gli sciamani e le guide spirituali erano persone considerate in comunicazione diretta con gli spiriti, gli dei o il divino, e avevano il compito di mantenere l'equilibrio e l'armonia tra il mondo degli uomini e il mondo spirituale.

In molte culture, gli sciamani erano individui scelti dagli spiriti per servire da mediatori tra gli uomini e gli dei. Spesso venivano iniziati fin dalla giovane età e la loro formazione comprendeva pratiche di meditazione, danza, digiuno, canto, erbe medicinali e altre pratiche mirate a stabilire una connessione più profonda con il mondo spirituale.

Gli sciamani erano anche responsabili della guarigione di malattie fisiche e mentali, della protezione della tribù o della comunità dalle forze negative e della divinazione. Erano in grado di interpretare segni, sogni e visioni per predire il futuro, guidare scelte importanti e aiutare le persone a comprendere il loro posto nel mondo.

In alcune culture, gli sciamani erano accompagnati da guide spirituali, spesso sotto forma animale, che li aiutavano nel loro lavoro. Queste guide erano considerate come protettori e consiglieri, e la loro presenza era essenziale per aiutare gli sciamani a navigare nel mondo spirituale.

Gli sciamani e le guide spirituali hanno avuto un profondo impatto sulle credenze e la spiritualità in tutto il mondo. Hanno influenzato i rituali, le pratiche e le tradizioni religiose, così come le concezioni del divino e dell'aldilà. Il loro ruolo di mediatori tra gli uomini e gli dei ha favorito lo sviluppo della comunicazione e della cooperazione tra diverse culture, consentendo la diffusione e lo scambio di credenze e pratiche religiose.

Le grandi religioni politeiste e il loro impatto sulla civiltà

Gli dei dell'Antico Egitto: Riti e misteri del Nilo

L'Antico Egitto è noto per la sua ricchezza culturale, architettonica e religiosa. Gli dei e le dee erano onnipresenti nella vita quotidiana degli Egiziani e venivano venerati ed onorati in vari modi. In questa sezione esploreremo l'universo degli dei egizi, il loro ruolo nella società e le credenze ad essi associate.

Gli Egiziani credevano in molti dei, ognuno con il proprio ruolo e personalità. Gli dei erano spesso rappresentati sotto forma animale o ibrida e spesso erano associati ad elementi naturali come il sole, la luna, l'acqua e la terra. I principali dei erano Rā, Osiride, Iside, Horus, Anubi e Thot, ognuno con il proprio dominio.

Rā era il dio del sole e della creazione, spesso rappresentato come un uomo con testa di falco. Veniva considerato il creatore dell'universo e di tutte le cose viventi. Osiride era il dio della morte e della rinascita, spesso rappresentato come un uomo mummificato. Iside era la dea della magia e della fecondità, rappresentata come una donna con corna di vacca. Horus era il dio del cielo e dell'alba, spesso rappresentato come un falco o come un uomo con testa di falco. Anubi era il dio dell'imballo e della morte, raffigurato come un uomo con testa di sciacallo. Infine, Thot era il dio della saggezza e della scrittura, spesso raffigurato come un uomo con testa di ibis.

Gli dei egizi venivano venerati nei templi dedicati al loro culto. I templi venivano costruiti secondo piani complessi e spesso decorati con affreschi e sculture raffiguranti gli dei. I sacerdoti erano responsabili della manutenzione dei templi e della celebrazione dei riti in onore degli dei. Gli Egiziani credevano che gli dei fossero presenti nel mondo fisico e che potessero essere influenzati dalle offerte e dalle preghiere.

Gli Egiziani avevano anche una complessa visione dell'aldilà. Credevano che la morte fosse una transizione verso un'altra vita e che i defunti avessero bisogno di essere preparati per questo viaggio. I sacerdoti imbalsamavano i corpi dei defunti per preservarli, in modo che potessero essere utilizzati dopo la morte. I defunti venivano anche sepolti con offerte e oggetti personali per aiutarli nel loro viaggio verso l'aldilà.

Gli dei egizi hanno influenzato anche l'arte e l'architettura egiziane. I templi erano i luoghi in cui gli dei venivano venerati e celebrati, quindi la loro costruzione era un'impresa molto importante per i faraoni e per gli Egiziani in generale. I templi egizi erano spesso costruiti secondo un piano rettangolare, con un'entrata, un cortile aperto e una sala ipostila dove si trovava una statua del dio. Le colonne delle sale ipostile erano spesso decorate con geroglifici e rappresentazioni degli dei egizi, come Ra, Horus e Anubi.

Anche le tombe e i monumenti funerari dell'Antico Egitto sono stati costruiti in onore degli dei egizi. Le piramidi venivano considerate le dimore eterneli dei faraoni, che venivano considerati dei viventi, e quindi venivano costruite con grande precisione e cura. Le tombe erano anche decorate con geroglifici e rappresentazioni degli dei egizi, così come scene della vita quotidiana e cerimonie religiose.

La religione egizia ha avuto anche un impatto sulla vita quotidiana degli Egiziani, che credevano che gli dei controllassero tutti gli aspetti della loro vita. Gli Egiziani pregavano gli dei per ottenere buoni raccolti, buona salute, una vita prospera e una vita dopo la morte. Le cerimonie religiose venivano organizzate nei templi in onore degli dei e gli Egiziani offrivano spesso sacrifici e offerte per assicurarsi la benevolenza degli dei.

Gli dei egizi hanno anche influenzato la cultura egizia attraverso il loro ruolo nei miti e nelle leggende. Gli dei e le dee venivano spesso rappresentati nelle storie egiziane, che raccontavano racconti sulla creazione del mondo, le imprese degli dei e degli eroi e le relazioni tra dei e mortali. Questi miti hanno influenzato la letteratura, l'arte e la cultura egizia in generale.

La mitologia norrena: Saghe e leggende dei popoli scandinavi

La mitologia norrena è un insieme di miti, leggende e racconti che hanno plasmato l'immaginario dei popoli scandinavi come i Vichinghi, i Norvegesi e i Danesi. I racconti della mitologia norrena sono ricchi di simboli e di personaggi colorati, come dei, giganti, elfi e nani. Queste storie sono state tramandate di generazione in generazione dai bardi e dai poeti, che le hanno conservate e abbellite nel corso del tempo.

La mitologia norrena era strettamente legata alla vita quotidiana degli antichi Scandinavi, che la consideravano una fonte di ispirazione, saggezza e forza. Era anche un modo per capire il mondo che li circondava e rispondere alle grandi domande sulla vita, la morte e l'aldilà.

Uno dei temi centrali della mitologia norrena è la battaglia tra gli dei e i giganti. Gli dei erano esseri divini che governavano il mondo, mentre i giganti erano creature potenti e spesso malevole. Gli dei affrontavano spesso sfide e ostacoli, ma riuscivano sempre a risolverli grazie alla loro intelligenza, forza e astuzia.

Il dio più famoso della mitologia norrena è Odino, il dio della saggezza e della guerra, venerato per la sua capacità di predire il futuro. Era accompagnato da due corvi, Huginn e Muninn, che gli portavano notizie sugli eventi passati e futuri.

Ma tra gli altri dei più noti della mitologia norrena ci sono Thor, il dio del tuono, Loki, il dio dell'astuzia, Frigg, la dea dell'amore e della fecondità, e Freyja, la dea della bellezza e della guerra. Ognuno di questi dei aveva le proprie caratteristiche e poteri, e sono stati rappresentati in opere d'arte e storie nel corso dei secoli.

La mitologia norrena ha anche dato origine a leggende affascinanti, come quella di Beowulf, un eroe leggendario che ha combattuto mostri e draghi per salvare il suo popolo. Le storie di Beowulf sono state tramandate oralmente per secoli prima di essere scritte, e hanno ispirato numerose opere d'arte e letteratura nel corso dei secoli.

La mitologia norrena ha anche avuto una grande influenza sull'arte e l'architettura scandinave. I Vichinghi hanno creato opere d'arte decorative come gioielli, sculture e intagli in legno che spesso raffiguravano scene della mitologia norrena. Le navi vichinghe erano spesso decorate con teste di drago e altri simboli mitici.

Infine, la mitologia norrena ha influenzato anche la cultura scandinava. Motivi e simboli come i nodi celtici e i simboli della svastica erano spesso incorporati nell'arte, nella letteratura e nell'architettura, creando un'estetica unica e riconoscibile. I popoli scandinavi celebravano anche i loro dei e le loro credenze attraverso feste e rituali, che hanno contribuito a rafforzare la loro identità culturale.

Le credenze celtiche: Druidi e santuari naturali

Le credenze celtiche hanno plasmato la cultura e la spiritualità di molti popoli europei dell'Età del Ferro. I druidi, i sacerdoti e i guardiani delle conoscenze e dei rituali celtici, hanno giocato un ruolo centrale nella preservazione della tradizione orale e nella trasmissione dei miti e delle pratiche religiose.

Le credenze celtiche erano strettamente legate alla natura e all'ambiente, e i santuari naturali erano luoghi sacri per il culto e la celebrazione. Gli alberi, le sorgenti, le montagne e i fiumi erano considerati divinità e venivano onorati con rispetto e venerazione. Gli alberi in particolare, come la quercia, l'ifs e il frassino, erano considerati portali tra il mondo terrestre e spirituale e spesso erano al centro dei riti druidici.

Le credenze celtiche sono state influenzate anche dai contatti e dagli scambi con altre culture, come i Romani e i Greci. I culti solari e lunari, così come le divinità associate agli elementi naturali, sono stati integrati nelle credenze celtiche e hanno contribuito alla loro evoluzione.

I druidi erano anche consiglieri e mediatori negli affari politici e sociali, e svolgevano un ruolo importante nella vita comunitaria. Erano conosciuti per la loro saggezza e la loro conoscenza della medicina, dell'astronomia e dell'agricoltura. I druidi erano considerati custodi della conoscenza e spesso venivano consultati per risolvere conflitti e curare malattie.

I santuari celtici erano spesso luoghi di pellegrinaggio per i fedeli, dove potevano meditare e connettersi con le divinità della natura. I cerchi di pietre, i tumuli, i dolmen e i menhir erano strutture rituali importanti, che testimoniano la complessità dell'architettura e delle competenze tecniche degli antichi Celti. Questi santuari erano anche centri di scambio culturale, dove i druidi si riunivano per condividere conoscenze e pratiche religiose.

Nel Medioevo, la religione celtica ha iniziato a declinare a causa dell'espansione del cristianesimo, ma le credenze e le tradizioni sono sopravvissute nelle regioni rurali e hanno continuato a influenzare le pratiche popolari in Europa. Festival come Beltane, Samhain e Imbolc, che erano una volta festività religiose celtiche, sono ancora oggi celebrati in molte regioni d'Europa.

In sintesi, le credenze celtiche sono una testimonianza affascinante del rapporto tra l'uomo e la natura e della complessità delle credenze religiose dei popoli antichi. I druidi e i santuari naturali erano al centro della spiritualità celtica, che ha lasciato un'impronta indelebile sulla cultura europea e continua a influenzare la nostra comprensione della natura e della vita spirituale.

Le religioni mesopotamiche: Gli dei sumeri, accadi, babilonesi e assiri

Le religioni mesopotamiche hanno avuto un'influenza significativa sulla civiltà antica. Sono emerse nella regione fertile tra i fiumi Tigri ed Eufrate, corrispondente all'attuale Iraq, nel III millennio a.c. Gli dei mesopotamici erano politeisti, spesso antropomorfi, e avevano poteri e ambiti specifici. Venivano considerati la fonte di ogni potere e di ogni vita e venivano venerati nei templi, spesso i più grandi edifici delle città.

I Sumeri furono i primi abitanti della regione mesopotamica, crearono le prime città-stato, come Ur, Uruk e Lagash, e inventarono il primo sistema di scrittura al mondo, i glifi cuneiformi. Furono i primi a sviluppare una cultura complessa e credenze religiose. Il loro pantheon di dei comprendeva più di 300 divinità, ognuna con un ruolo specifico nella vita quotidiana dei Sumeri. Ad esempio, Anu era il dio del cielo, Enlil il dio dell'aria e della terra e Inanna la dea dell'amore e della guerra.

Gli Accadi conquistarono la regione sumera intorno al 2334

a.c., e il loro re Sargon d'Accad unificò per la prima volta la Mesopotamia. I Babilonesi crearono un impero centrato sulla città di Babilonia, durante il regno di Hammurabi (1792-1750 a.c.), che codificò le leggi nel famoso Codice di Hammurabi. Adottarono le divinità sumere, ma introdussero anche nuovi dei nel loro pantheon. Il dio nazionale degli Accadi era Marduk, che divenne in seguito il dio principale della città di Babilonia.

I Babilonesi crearono una religione ricca e complessa, incentrata sul culto di Marduk. Credevano che Marduk avesse creato il mondo e avesse sconfitto il drago Tiamat, la dea del caos, per governarlo. I Babilonesi costruirono molti templi in suo onore, tra cui il più famoso era l'Esagila a Babilonia.

Gli Assiri emersero successivamente, nel II millennio a.c., e fondarono un impero militare che si estendeva dall'Egitto alla Persia. Gli Assiri adottarono anche le credenze babilonesi, ma diedero maggior peso alla guerra e alla conquista. Il loro dio principale era Assur, il dio della guerra, che diede il nome alla loro capitale, Assur. Gli Assiri costruirono molti templi e palazzi decorati con rilievi in pietra per commemorare le loro vittorie militari.

Gli dei mesopotamici erano numerosi e variegati. Tra i più importanti vi erano Anu, il dio del cielo, Enlil, il dio dell'aria, Ea, il dio dell'acqua e Shamash, il dio del sole. Ogni città aveva anche il proprio dio tutelare, che era considerato particolarmente importante per quella città. Gli dei venivano spesso rappresentati nell'arte mesopotamica, come nei bassorilievi che decoravano le pareti dei templi e dei palazzi.

Le religioni mesopotamiche hanno avuto un'influenza considerevole sulla cultura e la società della regione. I templi erano i centri della vita sociale e religiosa, e i sacerdoti erano membri influenti della società. Le credenze religiose hanno anche influenzato l'arte e l'architettura, con motivi religiosi che appaiono nei rilievi e nelle sculture.

Hanno anche avuto un'influenza significativa sulla filosofia e sulla scienza. I mesopotamici erano affascinati dall'astronomia e dalla geometria e hanno creato lo zodiaco e il sistema sessagesimale (basato sul numero 60), che sono ancora in uso oggi. Hanno anche sviluppato teorie sulla medicina e sulla metafisica, che hanno influenzato i pensatori greci e romani.

Le credenze mesopotamiche hanno anche influenzato altre culture, tra cui le religioni abramitiche, che hanno tutte radici comuni nella regione mesopotamica. Ad esempio, il racconto della creazione dell'uomo nella Genesi della Bibbia presenta somiglianze sorprendenti con la storia della creazione sumera.

L'influenza delle religioni politeiste sulle società, la filosofia e le realizzazioni architettoniche ed artistiche.

Le grandi religioni monoteiste e il loro impatto sulla civiltà

L'ebraismo: origini, credenze e pratiche

L'ebraismo è una delle religioni più antiche al mondo, risalente a più di 3.000 anni fa. Le origini dell'ebraismo possono essere rintracciate ad Abramo, considerato il patriarca fondatore della religione. Abrahm ricevette una rivelazione divina da parte di Dio ed istituì un legame stretto tra gli ebrei e il loro Dio.

L'ebraismo è una religione monoteista che crede in un solo Dio, onnipotente ed eterno. Gli ebrei considerano il loro Dio come il creatore dell'universo e il signore della storia. Credono che Dio abbia stabilito un'alleanza con loro basata sulla Torah, un insieme di leggi e comandamenti divini dati a Mosè sul Monte Sinai.

La Torah è la pietra angolare della fede ebraica, contiene i cinque libri di Mosè, così come i commentari, le interpretazioni e le tradizioni che ne derivano. Gli ebrei considerano la Torah come una guida e un'ispirazione per la loro vita. I principi fondamentali dell'ebraismo includono la fede in un solo Dio, il rispetto verso i comandamenti divini, la pratica della carità e la redenzione personale.

L'ebraismo è anche caratterizzato da pratiche religiose e rituali che sono destinate ad avvicinare gli ebrei a Dio. Tra i rituali più importanti vi sono la preghiera quotidiana, l'osservanza dello Shabbat, il giorno di riposo settimanale, e le festività religiose, come il Yom Kippur, il giorno del Grande Perdono, e la Pasqua, la festa della liberazione dalla schiavitù in Egitto.

L'ebraismo è anche influenzato da diverse correnti di pensiero e movimenti, come l'ebraismo ortodosso, che è fondamentalista e tradizionalista, l'ebraismo conservatore, che è più moderato e adattabile, e l'ebraismo riformato, che è più liberale e moderno. Questi movimenti sono nati dalla necessità di adattarsi ai cambiamenti della società, pur rispettando le tradizioni e le credenze fondamentali dell'ebraismo.

Nel corso della storia, gli ebrei hanno affrontato molte sfide e persecuzioni a causa della loro religione e della loro identità culturale. Nonostante ciò, l'ebraismo è continuato a svilupparsi ed evolversi nel tempo e ha avuto un profondo impatto sulla cultura, la filosofia e le arti del mondo occidentale. Gli ebrei hanno contribuito alla creazione della civiltà occidentale, alla scienza e alla medicina moderna, alla letteratura e alle arti.

L'ebraismo ha subito anche evoluzioni nelle sue pratiche e nei suoi riti nel corso del tempo. Le preghiere e le liturgie sono state sviluppate e codificate nel corso dei secoli, riflettendo le influenze della cultura e della storia ebraiche. Il Talmud, che è una raccolta della legge orale ebraica, è stato elaborato nei primi secoli dell'era cristiana e continua ad avere un ruolo centrale nella pratica e nella comprensione dell'ebraismo.

L'ebraismo ha anche subìto importanti cambiamenti nel suo rapporto con altre religioni e culture. Il cristianesimo e l'islam, che condividono radici comuni con l'ebraismo, hanno influenzato e sono stati influenzati dalle credenze e dalle pratiche ebraiche. L'antisemitismo e le persecuzioni hanno segnato la storia degli ebrei, in particolare durante l'Inquisizione spagnola e l'Olocausto durante la Seconda Guerra Mondiale.

Oggi, l'ebraismo si manifesta attraverso una grande varietà di pratiche e movimenti, dalla rigidamente osservante legge ebraica degli ortodossi ai movimenti riformisti che adattano le pratiche alla vita moderna. Le comunità ebraiche sono disperse in tutto il mondo e continuano a svolgere un ruolo importante nella cultura e nella società contemporanee.

Il cristianesimo: origini, credenze e pratiche

Il cristianesimo è una religione monoteista che trova le sue radici nell'ebraismo. È basato sulla vita, gli insegnamenti, la morte e la risurrezione di Gesù Cristo, un maestro e profeta ebreo che visse in Palestina all'inizio del I secolo dopo Cristo. Il cristianesimo si diffuse rapidamente in tutto il mondo, a cominciare da Europa e Asia Minore, grazie agli sforzi dei missionari e degli evangelizzatori.

Le credenze fondamentali del cristianesimo si concentrano sulla vita e gli insegnamenti di Gesù Cristo. I cristiani credono nell'esistenza di un Dio unico in tre persone: il Padre, il Figlio e lo Spirito Santo, altrimenti noto come Trinità. I cristiani credono che Gesù Cristo sia il Figlio di Dio e che la sua morte e risurrezione abbiano riconciliato l'umanità con Dio. Credono anche nella vita eterna dopo la morte.

Le pratiche religiose del cristianesimo sono varie ed dipendono dalla tradizione e dalla denominazione. Tuttavia, la preghiera, la lettura della Bibbia e la partecipazione alla Messa domenicale sono pratiche comuni. La Messa è una cerimonia di culto che ricorda l'Ultima cena di Gesù con i suoi discepoli. Il sacramento dell'Eucaristia, in cui il pane e il vino vengono trasformati nel corpo e nel sangue di Gesù Cristo, è una pratica centrale del culto cristiano.

Il cristianesimo è caratterizzato dalla diversità di pratiche e tradizioni nelle diverse Chiese e denominazioni. Le tre principali branche del cristianesimo sono il cattolicesimo, l'ortodossia e il protestantesimo. Ogni branca ha le sue tradizioni e pratiche liturgiche. Ad esempio, nella Chiesa cattolica ci sono i sacramenti come il battesimo, la cresima, l'eucaristia, il matrimonio, l'ordinazione e la confessione. Nella Chiesa ortodossa, la liturgia è più centrata sul canto e la preghiera e i sacramenti includono il battesimo, la cresima, l'eucaristia, la confessione, il matrimonio e l'ordinazione. Il protestantesimo, invece, ha una liturgia più semplice e si concentra maggiormente sull'insegnamento biblico.

L'impatto del cristianesimo sulla cultura, l'arte e l'architettura è enorme. Le cattedrali, le chiese e le basiliche sono esempi impressionanti di architettura cristiana. La pittura, la scultura e le icone religiose sono anche espressioni artistiche importanti della fede cristiana. Anche la musica cristiana, dal canto gregoriano al rock cristiano contemporaneo, è un elemento importante della cultura cristiana.

Il cristianesimo ha anche avuto un impatto significativo sulla società e sulla politica. I movimenti abolizionisti dei secoli XVIII e XIX che hanno lottato contro la schiavitù erano spesso guidati da cristiani che si ispiravano all'insegnamento biblico sulla dignità e l'uguaglianza di tutti gli esseri umani. Allo stesso modo, la lotta per i diritti civili negli Stati Uniti negli anni '50 e '60 è stata in gran parte guidata da leader cristiani come Martin Luther King Jr., che hanno mobilitato le masse utilizzando concetti biblici come l'amore, la giustizia e l'uguaglianza.

Il cristianesimo ha anche svolto un ruolo importante nella formazione del pensiero occidentale. I pensatori cristiani come Sant'Agostino e Tommaso d'Aquino hanno influenzato la filosofia occidentale e hanno plasmato la nostra comprensione di concetti come la libertà, la giustizia e la moralità. Le chiese cristiane sono state anche luoghi di cultura e arte, producendo alcune delle più grandi opere d'arte e di musica della storia.

Infine, il cristianesimo continua ad essere una forza importante nel mondo di oggi. Con circa 2,3 miliardi di cristiani nel mondo, rimane la religione più diffusa e continua ad influenzare la vita di milioni di persone.

L'islam: origini, credenze e pratiche

L'islam è una delle religioni più influenti e diffuse al mondo, con più di un miliardo di credenti in tutto il mondo. Questa religione monoteista ha radici profonde nella storia della civiltà islamica ed ha influenzato la cultura e la società di molti paesi nel mondo.

Le origini dell'islam risalgono al VII secolo quando il profeta Maometto iniziò a predicare la parola di Dio agli abitanti di Mecca. Maometto affermò che l'islam era la continuazione della tradizione profetica inaugurata da Adamo, Noè, Abramo, Mosè e Gesù. Il libro sacro dell'islam è il Corano, che è considerato la parola di Dio rivelata a Maometto.

La credenza fondamentale dell'islam è che Dio è unico e senza eguali e non vi è alcun altro Dio oltre a Lui. I musulmani credono che Dio sia infinitamente potente, misericordioso e giusto e che ogni individuo sia responsabile delle proprie azioni. Le azioni di ciascuna persona saranno giudicate da Dio nel giorno del giudizio finale.

I musulmani sono tenuti a rispettare i cinque pilastri dell'islam. Il primo pilastro è la professione di fede, o shahada, che afferma che c'è un solo Dio e Maometto è il suo profeta. Il secondo pilastro è la preghiera, che deve essere fatta cinque volte al giorno, in orari specifici. Il terzo pilastro è la zakat, un'elemosina obbligatoria data ai poveri e ai bisognosi. Il quarto pilastro è il digiuno nel mese del Ramadan, durante il quale i musulmani digiunano dall'alba al tramonto, astenendosi dal mangiare, bere e avere rapporti sessuali. Il quinto pilastro è il pellegrinaggio a La Mecca, noto come hajj, che è un dovere religioso che ogni musulmano deve compiere almeno una volta nella vita se ha le risorse per farlo.

L'islam ha anche influenzato la società e la cultura in molti ambiti, tra cui l'arte, la musica, la letteratura e l'architettura. L'arte islamica è caratterizzata da complessi motivi geometrici e floreali, oltre all'uso della calligrafia per rappresentare versi del Corano. Anche l'architettura islamica è molto distintiva, con moschee e minareti che spesso si stagliano sopra le città e i villaggi. Le moschee sono luoghi di preghiera e di riunione per le comunità musulmane e spesso hanno caratteristiche distintive come le cupole e gli archi a sesto acuto.

Nonostante la sua influenza positiva sulla società e sulla cultura, l'islam è stato anche coinvolto in conflitti e controversie. Le differenze tra le diverse correnti dell'islam, come sunniti e sciiti, sono spesso state una fonte di conflitto. Ad esempio, il conflitto tra sunniti e sciiti ha radici nella storia della successione di Maometto come leader della comunità musulmana dopo la sua morte nel 632. I sunniti hanno scelto Abu Bakr, il patrigno di Maometto, come successore del profeta, mentre gli sciiti hanno sostenuto la pretesa di Ali, il cugino e genero di Maometto.

Queste differenze hanno portato a conflitti politici, sociali e religiosi che hanno plasmato la storia del mondo islamico per oltre mille anni. I conflitti sono stati particolarmente violenti nel Medio Oriente, dove le divisioni sunnite-sciite sono ancora molto presenti oggi.

L'islam è stato anche coinvolto in controversie contemporanee, come gli attentati terroristici perpetrati da gruppi estremisti che si richiamano all'islam. Questi atti di violenza sono spesso stati utilizzati per giustificare l'islamofobia e la discriminazione contro i musulmani in alcune parti del mondo.

Nonostante ciò, l'islam continua ad essere una forza importante nel mondo, con più di un miliardo di fedeli in tutto il mondo. I musulmani hanno contribuito in modo significativo alla civiltà umana, soprattutto nei campi della scienza, della matematica, della filosofia e dell'arte.

L'islam ha anche influenzato molti aspetti della cultura, dalla cucina all'abbigliamento, all'architettura. L'arte islamica, in particolare, è famosa per i suoi complessi motivi geometrici e le sue calligrafie eleganti. Le moschee e i minareti sono anche esempi iconici dell'architettura islamica, che hanno ispirato molte altre culture.

In conclusione, l'islam è una religione complessa e diversificata che ha avuto un impatto significativo sulla storia, la cultura e la società umana. Sebbene sia stato coinvolto in conflitti e controversie, continua ad ispirare milioni di persone in tutto il mondo e ha il potenziale per promuovere la pace, la giustizia e la solidarietà.

Le interazioni e i conflitti tra le grandi religioni

Le interazioni e i conflitti tra le grandi religioni hanno plasmato la storia dell'umanità, dall'antichità ai giorni nostri. Le differenze di credenze e pratiche sono spesso state la causa di tensioni, conflitti e persino guerre tra i seguaci di religioni diverse. Tuttavia, ci sono anche stati momenti di dialogo, coesistenza pacifica e collaborazione tra le diverse religioni.

Una delle fonti di conflitto tra le religioni è la rivendicazione di una verità assoluta. Le religioni monoteiste, in particolare, spesso affermano che la loro fede è l'unica vera religione, il che può generare sfiducia e ostilità da parte delle altre religioni. Questa rivendicazione della verità assoluta ha portato a persecuzioni religiose, guerre di religione e tentativi di evangelizzazione forzata.

Un altro fattore di conflitto è la competizione per le risorse, il territorio e il potere politico. Le religioni sono spesso state utilizzate come mezzo per giustificare la conquista territoriale e l'oppressione delle minoranze religiose. I conflitti territoriali tra Israele e Palestina, ad esempio, o in India tra induisti e musulmani, sono esempi eclatanti di questo fenomeno.

Tuttavia, ci sono stati anche momenti di dialogo interreligioso e collaborazione. Le filosofie orientali, in particolare, sono spesso state accolte con curiosità e ammirazione in Occidente, mentre le religioni monoteiste hanno cominciato a riconoscere i valori universali e i principi comuni condivisi con le altre religioni.

L'ecumenismo e il dialogo interreligioso sono stati movimenti chiave volti a promuovere la comprensione e la tolleranza tra le diverse religioni. Gli incontri tra i leader religiosi hanno gettato le basi per un dialogo sincero e costruttivo, portando a dichiarazioni comuni e a azioni comuni per risolvere i problemi sociali ed ambientali.

È importante sottolineare che la religione può anche essere utilizzata come mezzo per promuovere la pace e la giustizia sociale. I leader religiosi possono svolgere un ruolo chiave nella lotta contro le disuguaglianze e l'ingiustizia, utilizzando i principi religiosi per ispirare azioni concrete a beneficio di tutti.

I conflitti religiosi hanno anche prodotto esempi storici di solidarietà e cooperazione interreligiosa. Durante la Seconda Guerra Mondiale, gruppi di persone di diverse confessioni hanno lavorato insieme per aiutare gli ebrei perseguitati dai nazisti in Europa. In Algeria, durante la guerra d'indipendenza, i musulmani hanno protetto i cristiani dagli estremisti islamici.

I conflitti religiosi hanno anche portato a migrazioni, creando comunità multireligiose e dando luogo a nuove forme di sincretismo religioso. In India, ad esempio, musulmani e induisti hanno convissuto per secoli, creando una cultura sincratica unica.

In ultima analisi, le interazioni tra le grandi religioni sono state complesse e talvolta conflittuali, ma è importante notare che ci sono stati anche periodi di coesistenza pacifica e collaborazione tra le diverse tradizioni religiose.

Ad esempio, durante l'Età dell'Oro dell'Al-Andalus, sotto il dominio dei califfi omayyadi di Cordova nel X secolo, cristiani, ebrei e musulmani convivevano pacificamente e contribuivano insieme alla cultura e alle scienze. Ciò ha permesso la traduzione e la conservazione delle opere classiche greche e romane, che sono poi state trasmesse all'Europa occidentale e hanno svolto un ruolo fondamentale nello sviluppo del Rinascimento.

Allo stesso modo, nell'Impero moghul in India, che durò dal XVI al XIX secolo, l'imperatore Akbar promosse la convivenza pacifica e la tolleranza religiosa tra induisti, musulmani, sikh e cristiani. Creò anche una religione sincratica, il Din-i-Ilahi, che mirava a unire le diverse credenze religiose sotto un unico insieme di valori e principi etici.

Tuttavia, è innegabile che le interazioni tra le grandi religioni siano spesso state segnate da conflitti violenti e guerre. Ad esempio, le Crociate sono state conflitti militari tra cristiani e musulmani per il controllo della Terra Santa di Gerusalemme nel Medioevo. Allo stesso modo, la Reconquista in Spagna è stata un lungo periodo di guerra tra cristiani e musulmani per il dominio del territorio.

Più recentemente, i conflitti tra ebrei e musulmani in Israele e Palestina sono stati una fonte di tensione e violenza per decenni. Gli attentati terroristici compiuti da gruppi islamisti radicali come Al-Qaida e lo Stato Islamico hanno anche creato tensioni tra i musulmani e le altre religioni.

Le ripercussioni della religione sul pensiero occidentale

L'influenza della religione sulla filosofia occidentale

La filosofia occidentale è stata profondamente influenzata dalle religioni monoteiste, in particolare dal giudaismo, dal cristianesimo e dall'islam. Queste religioni hanno contribuito a plasmare la visione del mondo e il pensiero dei filosofi occidentali, offrendo risposte a domande esistenziali fondamentali come l'origine dell'universo, la natura della realtà, il significato della vita e la relazione tra l'uomo e il divino.

Uno dei contributi principali delle religioni monoteiste alla filosofia occidentale è stata la formulazione del concetto di un Dio unico e onnipotente. Questa concezione di Dio ha influenzato il pensiero filosofico fornendo una base per la riflessione sulla natura della realtà, la trascendenza e la moralità. La filosofia è stata in grado di sviluppare un'approfondita riflessione sulla natura di Dio, la sua relazione con il mondo e la condizione umana.

Ad esempio, la concezione di Dio come causa prima di tutte le cose è stata elaborata nei lavori di filosofi come Tommaso d'Aquino, che ha sviluppato l'argomento della causa prima. Secondo questo ragionamento, ogni effetto deve avere una causa e questa causa stessa deve avere una causa. Questo ragionamento porta alla conclusione che tutto ciò che esiste deve avere una causa prima, che è Dio.

Allo stesso modo, la filosofia è stata in grado di sviluppare una riflessione sulla relazione tra Dio e la creazione. La questione di come un Dio onnipotente e benevolo possa permettere la sofferenza e il male nel mondo è stata oggetto di riflessione filosofica per secoli. Le risposte sono state diverse, spaziando dall'argomento del libero arbitrio all'argomento del bene supremo.

Inoltre, le religioni monoteiste hanno influenzato anche la filosofia occidentale ponendo l'accento sulla moralità e sull'etica. I concetti di bene e male, virtù e vizio, e responsabilità individuale sono stati influenzati dagli insegnamenti religiosi. Questi concetti hanno fornito un quadro per la riflessione filosofica sull'etica, la giustizia e la responsabilità morale.

Ad esempio, la nozione di dignità umana come fondamento della morale è stata elaborata nei lavori di filosofi come Immanuel Kant. Secondo Kant, la dignità umana è incondizionata e deve essere rispettata in ogni momento. Questa concezione è stata influenzata dall'insegnamento religioso secondo cui l'uomo è creato a immagine di Dio e possiede un valore intrinseco.

Tuttavia, la relazione tra filosofia e religione non è sempre stata armoniosa. La filosofia ha spesso messo in discussione gli insegnamenti religiosi e tentato di sviluppare teorie alternative. Ad esempio, la filosofia ha sviluppato argomenti per l'esistenza di Dio, ma ha anche messo in discussione la rilevanza di questa questione. La filosofia ha anche messo in discussione dogmi religiosi come la resurrezione dei morti e la vita eterna.

Inoltre, la filosofia ha anche influenzato le religioni monoteiste offrendo una riflessione critica sui loro insegnamenti e pratiche. La filosofia greca, in particolare, ha esercitato una forte influenza sul pensiero cristiano e islamico.

La filosofia ha messo in discussione alcune delle credenze e pratiche religiose, incoraggiando i fedeli a interrogare le loro convinzioni e cercare risposte razionali anziché fare affidamento esclusivamente sulla fede. Questa tensione tra ragione e fede è stata esplorata in numerosi lavori filosofici.

Tra i filosofi greci che hanno influenzato il pensiero cristiano, si possono citare Platone e Aristotele. I concetti platonici come l'immortalità dell'anima e il mondo delle idee hanno influenzato la teologia cristiana, mentre gli insegnamenti di Aristotele sulla logica, la metafisica e l'etica.

Le relazioni tra scienza e religione

Le relazioni tra scienza e religione sono oggetto di dibattito da secoli. La scienza e la religione utilizzano metodi diversi per affrontare le questioni fondamentali sulla vita, l'universo e il nostro posto in esso. La scienza utilizza l'osservazione, l'esperimento e la verifica per sviluppare conoscenze oggettive ed empiriche, mentre la religione fa affidamento sulla fede, la rivelazione e l'interpretazione per fornire risposte soggettive e spirituali.

Questi due approcci sono spesso in conflitto, soprattutto quando le scoperte scientifiche mettono in discussione le credenze religiose. Un esempio famoso è quello di Galileo, che è stato perseguitato dalla Chiesa cattolica per aver affermato che la Terra ruota intorno al Sole. Oggi, molti dibattiti oppongono le teorie scientifiche dell'evoluzione ad alcune interpretazioni letterali della Genesi.

Tuttavia, nonostante questi conflitti, la scienza e la religione hanno anche trovato punti di convergenza e complementarità. La scienza può fornire una comprensione del mondo fisico, mentre la religione può fornire una comprensione morale e spirituale dell'esistenza. La scienza può spiegare come funzionano le cose, ma non perché esistono o quale sia il loro scopo. La religione può rispondere a queste domande, lasciando alla scienza lo studio dei processi fisici.

Inoltre, molti scienziati hanno trovato modi per armonizzare il loro lavoro con la loro fede religiosa. Ad esempio, il fisico cristiano John Polkinghorne ha affermato che la scienza e la religione possono essere «come due finestre attraverso le quali guardiamo il mondo, ognuna offrendo una prospettiva diversa ma complementare sulla realtà». Allo stesso modo, il biologo Francis Collins ha dichiarato che la scienza e la religione «sono approcci diversi per comprendere la natura e non vedo contraddizioni tra le due».

Altri scienziati hanno proposto interpretazioni metaforiche o simboliche dei testi religiosi che consentono di conciliarli con le scoperte scientifiche. Ad esempio, il filosofo francese Pierre Teilhard de Chardin ha proposto un'interpretazione evolutiva della creazione, secondo cui l'universo e la vita si evolvono verso uno stato più complesso e spirituale.

Tuttavia, è importante notare che non tutte le religioni considerano la scienza compatibile con la propria dottrina. Alcuni gruppi religiosi hanno respinto teorie scientifiche come l'evoluzione o l'eliocentrismo e cercato di promuovere teorie alternative che sono spesso respinte dalla comunità scientifica.

In definitiva, le relazioni tra scienza e religione sono complesse e variano a seconda degli individui e dei gruppi. Alcune persone vedono le due come in conflitto, mentre altre le vedono come complementari. È importante continuare a studiare e discutere di queste relazioni al fine di comprendere meglio come questi due approcci possano coesistere armoniosamente nel nostro mondo in continua evoluzione.

Le controversie sull'ateismo e l'agnosticismo

Il dibattito sull'ateismo e l'agnosticismo ha suscitato controversie nel corso della storia e continua a essere un argomento di grande rilevanza nella società moderna. Gli ateisti sono persone che non credono nell'esistenza di Dio/ degli dei o di un potere superiore, mentre gli agnostici hanno una posizione più neutra e affermano che sia impossibile provare l'esistenza o l'in esistenza di Dio/degli dei. Gli atei e gli agnostici mettono in discussione le credenze religiose e le istituzioni religiose, il che può suscitare reazioni negative in alcuni.

Nel corso della storia, gli atei e gli agnostici sono stati

marginalizzati nelle società dominate da una particolare religione. Le persone che hanno espresso idee contrarie alle credenze religiose sono state perseguitate e talvolta uccise per blasfemia o eresia. Ancora oggi, ci sono luoghi nel mondo in cui gli atei e gli agnostici subiscono discriminazioni, violenze o persecuzioni legali a causa delle loro convinzioni.

I dibattiti tra credenti e non credenti possono essere intensi su argomenti come l'origine dell'universo, la creazione della vita, la moralità e l'etica. I credenti sostengono che la loro fede fornisce un senso alla vita e una struttura morale, mentre gli atei e gli agnostici sostengono che la scienza e la ragione possono fornire risposte a queste domande. I dibattiti possono essere accesi e talvolta aspri, ma possono anche essere costruttivi se condotti con rispetto e con la volontà di comprendere le posizioni degli altri.

Gli atei e gli agnostici sono stati anche criticati per la loro mancanza di spiritualità e di connessione con qualcosa di più grande di loro stessi. Tuttavia, alcuni atei e agnostici hanno sottolineato che l'assenza di credenza in un dio o in una religione non implica necessariamente l'assenza di spiritualità. Hanno evidenziato che la spiritualità può essere trovata nell'apprezzamento della natura, nella creatività artistica, nella compassione e nell'empatia verso gli altri esseri umani e nella ricerca della verità.

Inoltre, l'ateismo e l'agnosticismo non sono necessariamente incompatibili con l'etica e la moralità. I non credenti possono trovare la loro ispirazione in filosofie morali come l'utilitarismo, l'etica delle virtù o l'etica della responsabilità. Possono anche trovare il loro senso di etica, basandosi sulla propria esperienza e comprensione di giustizia ed uguaglianza.

Tuttavia, gli atei e gli agnostici sono spesso accusati di essere «ostili alla religione» e di cercare di distruggere le tradizioni religiose. Ciò è spesso basato su una cattiva comprensione delle loro convinzioni. Gli atei e gli agnostici non cercano di distruggere le tradizioni religiose, ma piuttosto di mettere in discussione le idee preconcette e di promuovere un dialogo aperto e onesto sulle credenze e il loro ruolo nella società.

L'ateismo e l'agnosticismo sono spesso mal compresi e mal rappresentati nei media. Molte persone considerano gli atei come immorali, egoisti o addirittura anti-religiosi. Tuttavia, la maggior parte degli atei sono semplicemente persone che non credono nell'esistenza di un dio o dei. Possono avere valori morali ed etici molto forti, che non sono necessariamente legati a una credenza religiosa.

È importante sottolineare anche che l'ateismo e l'agnosticismo non sono posizioni fisse, ma possono evolvere nel corso del tempo. Alcuni credenti possono diventare atei o agnostici dopo aver messo in discussione le loro convinzioni, mentre alcuni atei o agnostici possono convertirsi a una religione dopo aver esplorato diverse tradizioni.

In conclusione, le controversie sull'ateismo e l'agnosticismo sono riflesso della diversità di opinioni e credenze all'interno della nostra società. Possono essere l'occasione per aprire un dialogo costruttivo e rispettoso su questioni fondamentali che riguardano la nostra comprensione della vita e della realtà.

Le religioni orientali e il loro contributo allo sviluppo umano

L'induismo: origini, credenze e pratiche

L'induismo è una delle religioni più antiche del mondo, che è emersa in India circa 4000 anni fa. È una religione politeista basata su una grande varietà di testi religiosi, tradizioni e pratiche che variano a seconda delle regioni e delle comunità.

Una delle credenze centrali dell'induismo è la reincarnazione, che sostiene che le anime siano reincarnate in diversi corpi attraverso molte vite, a seconda del loro karma, o delle loro azioni nella vita precedente. L'obiettivo finale dell'induismo è liberarsi da questo ciclo di reincarnazione e raggiungere il moksha, o liberazione dell'anima.

L'induismo è anche noto per la sua grande varietà di divinità, ognuna con i propri poteri e attributi. Le principali divinità dell'induismo sono Brahma, il creatore dell'universo, Vishnu, il protettore, e Shiva, il distruttore.

La pratica religiosa induista spesso coinvolge la preghiera, i rituali e le offerte alle divinità. I templi sono anche un aspetto importante della pratica induista, fungendo da luoghi di culto e di incontro per la comunità. Le feste e le celebrazioni sono anche una parte importante della vita induista, con numerose festività celebrate durante tutto l'anno.

L'induismo ha anche una ricca tradizione letteraria, con testi sacri come il Vedas, l'Upanishads e il Mahabharata, che racconta l'epica storia della guerra di Kurukshetra. Il Bhagavad Gita, che fa parte del Mahabharata, è considerato uno dei testi più importanti dell'induismo, contenente importanti insegnamenti sulla vita, la moralità e la spiritualità.

Infine, l'induismo ha anche avuto un'influenza significativa sulla cultura indiana, in particolare sull'arte, la musica e la danza. Le danze classiche indiane, come il Bharatanatyam e il Kathakali, spesso hanno temi religiosi e raccontano storie tratte dalla mitologia induista.

In sintesi, l'induismo è una religione ricca e complessa che ha plasmato la cultura e la società indiane per migliaia di anni. La sua varietà di divinità, testi sacri, pratiche religiose e tradizioni la rende una religione affascinante e profondamente radicata nella storia e nella cultura indiana.

Il buddhismo: origini, credenze e pratiche

Il buddhismo è una religione e una filosofia nata in India circa 2.500 anni fa. Questa tradizione spirituale si basa sugli insegnamenti di Siddhartha Gautama, che divenne il Buddha dopo aver raggiunto l'illuminazione. Il Buddha insegnò le Quattro Nobili Verità e il Nobile Ottuplice Sentiero, che sono i principi fondamentali del buddhismo.

Le Quattro Nobili Verità sono le seguenti: la vita è sofferenza; la causa della sofferenza è il desiderio; la cessazione della sofferenza è possibile; e il sentiero verso la cessazione della sofferenza è il Nobile Ottuplice Sentiero. Il Nobile Ottuplice Sentiero è costituito da otto pratiche essenziali: comprensione giusta, pensiero giusto, parola giusta, azione giusta, mezzi di sussistenza giusti, sforzo giusto, attenzione giusta e concentrazione giusta.

Il buddhismo è spesso associato alla meditazione, che è una pratica centrale in questa religione. La meditazione è considerata un modo per calmare la mente e sviluppare la consapevolezza, che è la capacità di rimanere presenti e consapevoli di ogni momento. La meditazione viene spesso praticata in silenzio e in posizione seduta, ma può anche essere praticata camminando, cantando o praticando i mudra (gesti delle mani e delle dita).

Il buddhismo ha diverse scuole, ognuna con pratiche e credenze uniche. Tra le principali scuole del buddhismo ci sono il Theravada, il Mahayana e il Vajrayana. Il Theravada è considerato la forma più antica e rigorosa del buddhismo ed è spesso praticato nel Sud-est asiatico. Il Mahayana è una forma più liberale del buddhismo praticata in Cina, Corea, Giappone e Vietnam. Il Vajrayana, o buddhismo tibetano, è una forma più esoterica e mistica del buddhismo, praticata principalmente in Tibet e in alcune regioni dell'Himalaya.

Inoltre, il buddhismo è anche associato a pratiche culturali come la venerazione degli stupa, la recitazione di mantra e la pratica della danza e del teatro sacro. Gli stupa sono monumenti a forma di cupola che contengono reliquie del Buddha o di altri maestri spirituali e sono considerati oggetti di devozione e di meditazione.

Il buddhismo mette anche l'accento sull'etica e la compassione. I cinque precetti, che sono regole etiche, sono spesso seguiti dai buddhisti: non uccidere, non rubare, non mentire, non avere comportamenti sessuali inappropriati e non consumare sostanze stupefacenti. Il buddhismo incoraggia anche la pratica del benevolenza e della compassione verso tutti gli esseri senzienti.

Il taoismo: origini, credenze e pratiche

Il taoismo è una religione e una filosofia antica cinese che è emersa nel VI secolo a.c. Il taoismo si concentra sulla ricerca dell'armonia e dell'equilibrio in tutti gli aspetti della vita. Si basa sul concetto di Tao, che significa la via o il cammino. Il Tao è considerato l'essenza fondamentale dell'universo e rappresenta l'armonia e l'equilibrio di tutte le cose. Il taoismo è quindi un approccio olistico alla vita, che cerca di armonizzare tutti gli aspetti della vita - la natura, la società, la famiglia, l'individuo - per raggiungere uno stato di armonia interiore e tranquillità mentale.

Il taoismo promuove uno stile di vita semplice, naturale e distaccato dalle preoccupazioni materiali. Secondo il taoismo, la ricerca della felicità non è da perseguire direttamente, ma piuttosto da raggiungere indirettamente cercando di armonizzare la propria vita con il Tao. Gli adepti del taoismo cercano di sviluppare una profonda consapevolezza di sé, di raggiungere uno stato di tranquillità e pace interiore, di vivere in modo naturale e semplice e di mantenere una prospettiva equilibrata sulla vita.

Le origini del taoismo risalgono a Lao Tzu, un saggio cinese leggendario che scrisse il libro del Tao Te Ching, considerato il testo fondamentale del taoismo. Il Tao Te Ching contiene insegnamenti su come vivere in armonia con la natura e coltivare l'unità interiore. Il libro è scritto in uno stile poetico e utilizza spesso metafore per illustrare idee complesse.

Il taoismo si concentra anche sulla pratica della meditazione e della respirazione, considerate strumenti per raggiungere l'armonia interiore e la tranquillità mentale. Gli adepti del taoismo cercano anche di bilanciare le energie opposte del yin e del yang, che rappresentano le forze naturali complementari dell'universo. Le pratiche del taoismo sono progettate per aiutare gli individui a connettersi con le energie dell'universo, a trovare il proprio equilibrio interno e a sviluppare una consapevolezza di sé più profonda.

I templi taoisti sono luoghi sacri dove gli adepti del taoismo vengono a pregare e meditare. I templi taoisti sono spesso decorati con simboli e immagini che rappresentano il Tao e le forze naturali dell'universo. I sacerdoti taoisti sono spesso considerati guaritori e saggi che aiutano le persone a raggiungere l'armonia interiore. I templi taoisti sono anche noti per la loro architettura distintiva, che spesso utilizza motivi di tetto a forma di pagoda e colonne scolpite.

Oltre alla spiritualità, il taoismo ha influenzato anche la filosofia, l'arte e la cultura cinese. La filosofia taoista promuove un'approccio olistico alla vita, in cui tutto è interconnesso e in cui il yin e il yang, le forze opposte ma complementari, sono in equilibrio. Questa visione del mondo ha influenzato il pensiero cinese in generale e ha portato all'emergere della medicina tradizionale cinese, che si concentra sull'equilibrio energetico del corpo.

L'arte cinese, in particolare la pittura, è stata anche fortemente influenzata dal taoismo. I dipinti cinesi tradizionali spesso raffigurano paesaggi naturali e sono caratterizzati da semplicità ed eleganza. I pittori taoisti cercano di catturare l'essenza della natura e trasmettono un senso di armonia ed equilibrio.

Il taoismo ha anche ispirato forme d'arte marziale come il tai chi, che è considerato un esercizio per la salute e il benessere mentale e fisico. Il tai chi combina movimenti lenti e fluidi con una respirazione profonda e meditazione.

Nella cultura cinese, il taoismo ha anche influenzato le pratiche religiose e i rituali. I templi taoisti, come il tempio della Città Proibita a Pechino, sono luoghi di culto importanti per gli adepti del taoismo. I rituali taoisti spesso comprendono offerte di incenso, canti e danze.

Al di fuori della Cina, il taoismo ha anche esercitato una notevole influenza sulla cultura asiatica in generale, in particolare in Giappone e in Corea. In Giappone, il taoismo ha influenzato la cultura zen, che promuove un approccio minimalista e contemplativo alla vita.

Il confucianesimo: origini, credenze e pratiche

Il confucianesimo è una filosofia di vita che ha le sue origini nell'antica Cina. Questa dottrina è stata sviluppata dal saggio cinese Confucio durante il periodo dei regni combattenti (V secolo a.c. al 221 a.c.) ed è stata ampiamente insegnata durante la dinastia Han (206 a.c. al 220 d.c.) e le dinastie successive in Cina. Il confucianesimo si basa su una visione del mondo che mette l'etica, la moralità e l'ordine sociale al centro della vita umana.

Il confucianesimo si concentra sulla pratica della virtù e dell'umanità. Confucio insegnava che la virtù consiste nel rispettare le regole e le norme sociali e nel trattare gli altri con gentilezza e compassione. Credeva anche che la pratica della virtù fosse la chiave per raggiungere l'armonia sociale. Nel confucianesimo, le credenze si basano su valori come la benevolenza, la lealtà, la rettitudine, la giustizia, la saggezza e il pietismo filiale.

Il pietismo filiale, o xiao, è un valore centrale del confucianesimo. Questo implica rispetto e cura dei propri genitori, dei propri antenati e dei propri anziani. È alla base di tutte le relazioni sociali e familiari. Confucio insegnava anche che la famiglia era la cellula fondamentale della società e che la famiglia felice e armoniosa era il fondamento della pace sociale.

Oltre al pietismo filiale, il confucianesimo mette anche l'accento sull'educazione. Confucio credeva che l'educazione fosse la chiave per migliorare la vita delle persone e per mantenere l'armonia sociale. Ha incoraggiato gli studenti a studiare i classici cinesi e ad assorbire gli insegnamenti degli antichi saggi.

Il confucianesimo ha avuto una grande influenza sulla cultura e la società cinesi, così come su altri paesi asiatici. Questa filosofia ha ispirato i leader e gli intellettuali cinesi nel corso dei secoli e ha plasmato la politica e la cultura cinese. Il confucianesimo è stato anche un elemento chiave dell'ordine sociale e del governo in Cina per secoli.

In conclusione, il confucianesimo è una filosofia di vita che si concentra sull'etica, la moralità e l'ordine sociale. Questa dottrina mette l'accento sulla pratica della virtù, sul pietismo filiale e sull'educazione. Il confucianesimo ha avuto una grande influenza sulla cultura e sulla società cinese e ha ispirato i leader e gli intellettuali cinesi nel corso dei secoli.

I concetti chiave delle religioni orientali e il loro impatto sul pensiero e la cultura

Le religioni orientali, tra cui il buddhismo, l'induismo, il taoismo e il confucianesimo, hanno avuto un profondo impatto sul pensiero e sulla cultura in tutto il mondo. Queste religioni condividono diversi concetti chiave che hanno plasmato la loro visione della vita, della morte, della natura e dell'esistenza.

Il buddhismo, ad esempio, si basa sulle Quattro Nobili Verità e sul Nobile Ottuplice Sentiero. Le Quattro Nobili Verità sono la sofferenza, la causa della sofferenza, la cessazione della sofferenza e il sentiero che porta alla cessazione della sofferenza. Il Nobile Ottuplice Sentiero è composto da otto elementi: comprensione giusta, pensiero giusto, parola giusta, azione giusta, mezzi di sussistenza giusti, sforzo giusto, attenzione giusta e concentrazione giusta. Questi insegnamenti hanno influenzato la pratica della meditazione e della consapevolezza, che sono diventate pratiche comuni in molti paesi occidentali.

L'induismo è una delle religioni più antiche del mondo. Si basa sul concetto di karma, che è la legge di causa ed effetto. Secondo questa credenza, ogni azione ha una conseguenza, che può essere positiva o negativa, in questa vita o in una vita successiva. Il concetto di reincarnazione, o samsara, è anche un pilastro dell'induismo. Secondo questa credenza, le anime si reincarnano in diversi corpi, a seconda del loro karma, finché non raggiungono la liberazione, o moksha. Questi concetti hanno influenzato la spiritualità e la filosofia di molti movimenti di pensiero, inclusa la New Thought e la filosofia New Age.

Il taoismo si basa sul concetto di Tao, che è la sorgente e la forza creatrice dell'universo. Il taoismo promuove la semplicità, l'umiltà e la non-azione, e promuove l'armonia con la natura. Il concetto di yin e yang, che rappresenta l'interdipendenza e l'equilibrio tra le forze opposte, è anche un elemento chiave del taoismo. Questi concetti hanno influenzato l'arte, la medicina e la filosofia e hanno ispirato molti movimenti di pensiero, tra cui la psicologia transpersonale.

Il confucianesimo si concentra sulla moralità e sulla virtù. Mette l'accento sul rispetto e sulla cura delle regole e delle norme sociali e sul trattamento degli altri con gentilezza e compassione. Crede anche che la pratica della virtù sia la chiave per raggiungere l'armonia sociale. Nel confucianesimo, l'etica si basa su valori come la benevolenza, la lealtà, la rettitudine, la giustizia, la saggezza e il pietismo filiale.

In conclusione, le religioni orientali hanno influenzato il pensiero e la cultura in tutto il mondo attraverso i loro concetti chiave, come la meditazione, il karma, la reincarnazione, il Tao, il yin e il yang e la moralità. Questi concetti hanno ispirato molti movimenti di pensiero e hanno plasmato l'arte, la letteratura, la filosofia e la psicologia, avendo un impatto significativo sulla vita quotidiana di milioni di persone in tutto il mondo.

Inoltre, queste religioni hanno anche ispirato pratiche architettoniche e artistiche uniche, come i templi buddisti e indù, i giardini zen, la calligrafia cinese e le stampe giapponesi. Gli scambi tra Oriente e Occidente hanno anche arricchito la cultura e l'arte in entrambe le regioni.

Infine, le religioni orientali hanno anche offerto risposte a domande fondamentali sulla vita, la morte, l'esistenza e la spiritualità. I loro insegnamenti hanno ispirato movimenti sociali e politici come la non violenza, l'ecologia e la tolleranza religiosa.

La sfida dell'incontro tra Oriente e Occidente consiste ora nella capacità di promuovere un dialogo costruttivo e un confronto aperto tra le diverse culture e credenze, al fine di favorire una maggiore comprensione reciproca, rispetto e collaborazione per affrontare le sfide globali comuni.

Le religioni e le filosofie indigene: diversità ed armonia con la natura

Le credenze e le pratiche delle popolazioni indigene dell'Africa, delle Americhe, dell'Australia e dell'Oceania

Le popolazioni indigene dell'Africa, delle Americhe, dell'Australia e dell'Oceania hanno credenze e pratiche religiose ricche e varie, spesso basate su una forte connessione con la natura e gli spiriti. Le loro religioni sono spesso caratterizzate da rituali complessi, miti ricchi di simboli e tradizioni orali che sono state tramandate di generazione in generazione.

In Africa, molte religioni indigene hanno radici nell'animismo, dove ogni elemento della natura è considerato abitato da uno spirito. Le tradizioni religiose africane si basano spesso su rituali e cerimonie, in cui la pratica musicale e la danza sono utilizzate per comunicare con gli spiriti. Le religioni africane sono spesso anche caratterizzate dall'uso di maschere e sculture che rappresentano spiriti e antenati.

Ad esempio, tra i Dogon del Mali, le credenze religiose sono strettamente legate alla cosmologia e all'astronomia. Credono che ogni individuo sia legato alle stelle e che ogni stella abbia uno spirito associato. I Dogon sono anche noti per le loro maschere danzanti e cerimonie religiose, che vengono utilizzate per onorare gli antenati e gli spiriti della natura.

In America, le popolazioni indigene hanno anche credenze spesso basate su una stretta connessione con la natura. Gli Amerindi spesso credono che tutto nella natura sia sacro e che gli spiriti siano presenti in tutte le cose viventi e non viventi. Le pratiche religiose degli Amerindi spesso includono cerimonie di purificazione, preghiere, canti e danze che vengono utilizzate per comunicare con gli spiriti.

Ad esempio, i Navajo che vivono nell'ovest degli Stati Uniti, credono che ogni elemento della natura abbia uno spirito associato e che gli spiriti debbano essere onorati e rispettati. I Navajo hanno una ricca tradizione di cerimonie e rituali religiosi, tra cui il peyotismo, che è una religione che utilizza il cactus peyotl per raggiungere uno stato di coscienza alterato.

In Oceania, le popolazioni indigene hanno credenze strettamente legate alla natura e all'ambiente. I popoli delle isole del Pacifico, come i Maori in Nuova Zelanda e gli Aborigeni in Australia, hanno credenze che riflettono la loro profonda connessione con l'ambiente circostante. Credono che tutto sia interconnesso e che tutto ciò che vive su questa terra sia in stretta relazione.

In Australia, le popolazioni indigene hanno spesso credenze basate sul Dreamtime, in cui gli spiriti hanno creato il mondo. Le religioni indigene australiane spesso includono canti, danze e dipinti che vengono utilizzati per trasmettere le storie del Dreamtime. Le popolazioni indigene australiane hanno anche credenze legate alla natura, in particolare alle piante e agli animali.

Ad esempio, gli aborigeni australiani credono che ogni

animale e ogni pianta abbia uno spirito associato e che gli spiriti debbano essere onorati e rispettati. Gli aborigeni australiani hanno anche una ricca tradizione di danze, canti e cerimonie religiose, che vengono utilizzate per onorare gli antenati e gli spiriti.

Nel complesso, le credenze e le pratiche religiose delle popolazioni indigene dell'Africa, delle Americhe, dell'Australia e dell'Oceania sono spesso basate su una forte connessione con la natura e gli spiriti. Queste religioni hanno una lunga storia e hanno svolto un ruolo importante nella cultura e nella vita quotidiana di questi popoli.

La sacralizzazione della natura e il concetto di interdipendenza

Fin dalle prime civiltà, la natura è stata considerata un elemento sacro, sia potente che misterioso. Le popolazioni indigene hanno sempre avuto una relazione stretta con la natura, poiché essa forniva le risorse essenziali per la loro sopravvivenza. Questa relazione si è tradotta in una sacralizzazione della natura e in un concetto di interdipendenza tra l'uomo e il suo ambiente.

La sacralizzazione della natura è un concetto secondo cui la natura è considerata sacra e divina, e deve essere protetta e rispettata. In molte culture indigene, la natura è venerata e considerata un essere vivente con poteri ed emozioni. Le popolazioni indigene hanno creato cerimonie e rituali per onorare la natura e chiedere le sue benedizioni per la loro comunità.

Il concetto di interdipendenza implica che l'uomo e la natura siano interconnessi e dipendano l'uno dall'altro per la loro sopravvivenza e il loro benessere. Le popolazioni indigene hanno capito che la loro sussistenza dipendeva dalla natura, e quindi dovevano proteggerla e rispettarla. Questa interdipendenza ha portato a uno stile di vita più sostenibile ed equilibrato con l'ambiente.

Nelle religioni indigene, la natura è spesso considerata un luogo sacro di meditazione e comunione con le forze divine. I rituali e le cerimonie spesso coinvolgono l'uso di piante e animali sacri, che vengono utilizzati per il loro potere spirituale e la loro capacità di guarire. Questo approccio olistico alla spiritualità mette l'accento sulla salute e il benessere di tutta la comunità, compreso l'ambiente.

Oggi, ci troviamo di fronte a gravi problemi ambientali come il cambiamento climatico, l'inquinamento e la perdita di biodiversità. Questi problemi sono in gran parte causati dalla nostra mancanza di rispetto e comprensione dell'interdipendenza tra l'uomo e la natura. È tempo di tornare all'approccio olistico della spiritualità indigena e riconoscere la natura come un elemento sacro che deve essere protetto e rispettato.

La sacralizzazione della natura e il concetto di interdipendenza sono idee essenziali per comprendere la relazione tra l'uomo e il suo ambiente. Le religioni indigene ci ricordano che siamo tutti interconnessi e che dobbiamo vivere in armonia con la natura per la nostra sopravvivenza e il nostro benessere. Comprendendo e adottando questi concetti, possiamo creare un futuro più sostenibile ed equilibrato per tutti gli esseri viventi sulla Terra.

La valorizzazione della saggezza ancestrale e la trasmissione delle conoscenze

La valorizzazione della saggezza ancestrale e la trasmissione delle conoscenze sono elementi importanti nella storia delle credenze. Nel corso dei secoli, i popoli del mondo hanno sviluppato sistemi di credenze, rituali e pratiche religiose che sono stati tramandati di generazione in generazione. La saggezza ancestrale, spesso associata alle tradizioni orali, è stata preservata e trasmessa in modo tale da poter essere compresa dalle generazioni future.

La trasmissione della saggezza ancestrale comporta la diffusione di una varietà di conoscenze, come credenze, pratiche e rituali, ma anche storie, miti e leggende. Queste conoscenze sono spesso trasmesse attraverso narrazioni, canti e danze, che vengono utilizzati per insegnare ai bambini i valori, le credenze e le tradizioni della loro cultura. Queste storie possono contenere insegnamenti sulla vita, la morte, la natura, la comunità e il cosmo, e possono contribuire a spiegare fenomeni naturali ed eventi storici.

Le tradizioni orali sono particolarmente importanti per i popoli indigeni, che hanno una forte connessione con la natura e spesso utilizzano la saggezza ancestrale per comprendere e interagire con il loro ambiente. Le narrazioni tradizionali, come i miti degli aborigeni australiani, le leggende dei popoli amerindi e i racconti africani, possono offrire una visione unica delle credenze e dei valori di queste culture. Queste storie possono anche contribuire a preservare le lingue indigene e a trasmettere le conoscenze associate a queste lingue.

La trasmissione della saggezza ancestrale è spesso associata a pratiche religiose, come le cerimonie e i rituali. Queste pratiche possono essere molto simboliche e possono coinvolgere offerte, preghiere, canti e danze. Le cerimonie possono essere organizzate per onorare gli antenati, per curare i malati, per celebrare le stagioni o per segnare eventi importanti come matrimoni e funerali. Le credenze e le pratiche religiose possono aiutare le persone a trovare un significato nella loro vita e il loro posto nell'universo.

La valorizzazione della saggezza ancestrale può essere associata anche alla ricerca della verità e della saggezza. Le filosofie e le religioni del mondo spesso hanno cercato di comprendere le domande fondamentali dell'esistenza, come la vita, la morte, il bene e il male, l'amore e la saggezza. Le grandi tradizioni religiose hanno spesso incoraggiato la ricerca della verità e della saggezza attraverso lo studio di testi sacri, la meditazione, la preghiera e la contemplazione.

In conclusione, la valorizzazione della saggezza ancestrale e la trasmissione delle conoscenze sono elementi cruciali delle credenze religiose in tutto il mondo. I popoli del mondo hanno sviluppato tradizioni orali, pratiche religiose e rituali per trasmettere la conoscenza e i valori della loro cultura alle generazioni future.

L'arte, la letteratura e la credenza: espressione e diffusione delle idee spirituali

Le opere d'arte e i monumenti religiosi come testimonianze delle credenze

Le opere d'arte e i monumenti religiosi sono testimonianze visive della storia delle credenze e delle culture in tutto il mondo. Dalle pitture rupestri preistoriche alle cattedrali gotiche, dai templi induisti alle moschee ottomane, queste opere artistiche riflettono la creatività, l'ingegnosità e la fede dei costruttori.

Le opere d'arte religiose sono spesso destinate ad esprimere concetti astratti ed emozioni spirituali, come la trascendenza, la devozione, la gratitudine e la speranza. Le icone, gli affreschi, le vetrate e le sculture raffigurano figure religiose, scene bibliche e simboli sacri, consentendo ai fedeli di connettersi con la loro divinità e rafforzare la loro fede.

I monumenti religiosi sono spesso costruiti per onorare una divinità o un santo particolare, per commemorare un evento religioso importante o per servire come luogo di culto per i fedeli. Essi testimoniano l'importanza della religione nella vita delle persone e l'impatto della fede sulla cultura e la società.

L'architettura dei monumenti religiosi è spesso influenzata

dalle credenze e dalle pratiche religiose. Ad esempio, le cattedrali gotiche furono progettate per magnificare la grandezza di Dio e ispirare la devozione dei fedeli. I minareti delle moschee, d'altra parte, simboleggiano l'elevazione spirituale e la connessione tra la terra e il cielo.

Le opere artistiche e architettoniche sono spesso strettamente legate alla vita sociale e politica delle epoche in cui sono state create. Le chiese e le cattedrali medievali erano spesso centri di potere politico ed economico, mentre i templi buddisti e indù dell'Asia erano spesso simboli di autonomia e resistenza culturale.

Le opere d'arte e i monumenti religiosi sono anche testimoni della storia dell'arte e dell'architettura. I gusti e le tecniche artistiche sono evolute nel corso del tempo, riflettendo i cambiamenti sociali, politici e culturali. Le cattedrali gotiche, ad esempio, sono famose per il loro utilizzo della luce e dell'ombra, così come per l'uso dell'arco rampante, un'innovazione architettonica che ha permesso alle cattedrali di diventare più grandi e luminose.

Infine, le opere d'arte e i monumenti religiosi sono anche testimoni della diversità culturale dell'umanità. Le religioni e le credenze variano notevolmente da una cultura all'altra, e ciò si riflette nelle differenze architettoniche e artistiche. Ad esempio, i templi buddisti e i santuari shintoisti del Giappone presentano un'estetica minimalista e pulita, mentre i templi indù dell'India sono famosi per la loro ricchezza ornamentale e le loro sculture.

La letteratura sacra e profana: trasmissione ed esplorazione dei temi spirituali

La letteratura sacra e profana ha svolto un ruolo centrale nella trasmissione e nell'esplorazione dei temi spirituali lungo la storia. I testi sacri, come la Bibbia, il Corano, la Bhagavad-Gita e i sutra buddhisti, sono stati scritti per insegnare le credenze e le pratiche religiose ai loro adepti e aiutarli a trovare un significato più profondo della loro esistenza.

Questi testi sono stati anche fonte di ispirazione per scrittori, poeti e artisti, che hanno esplorato temi spirituali nel loro lavoro profano. Scrittori come William Blake, Ralph Waldo Emerson e Henry David Thoreau hanno usato la natura come metafora per esprimere la loro ricerca spirituale, mentre poeti come Rumi, Hafez e Kabir hanno usato la poesia per esplorare temi come l'amore, la fede e la trascendenza.

La letteratura sacra e profana ha anche svolto un ruolo importante nella diffusione delle idee spirituali attraverso le culture e i confini geografici. I testi sacri sono stati tradotti in molte lingue ed hanno avuto una vasta diffusione in tutto il mondo, consentendo a persone di culture diverse di accedere agli stessi insegnamenti spirituali.

Inoltre, queste letterature hanno contribuito alla creazione di alcune delle più grandi opere letterarie della storia. Epopée come l'Iliade e l'Odissea di Omero hanno influenzato gli scrittori per secoli, mentre le opere di Shakespeare, come Amleto e Macbeth, hanno esplorato temi profondi come morale, destino e fede.

Tuttavia, la letteratura sacra e profana non è stata esente da controversie. I testi sacri sono spesso stati fraintesi e utilizzati per giustificare azioni violente, come le guerre di religione in Europa. Allo stesso modo, le opere profane sono state criticate per il loro trattamento controverso di temi spirituali, come nel caso della poesia di William Blake, che è stata considerata eretica da alcuni.

Ma la letteratura è stata anche utilizzata per promuovere pace, comprensione e tolleranza tra culture e religioni. I testi sacri sono spesso stati utilizzati per incoraggiare la pace e l'armonia, come nel caso della poesia sufi di Rumi, che ha promosso l'amore e l'unità tra i popoli. Allo stesso modo, scrittori profani come Herman Hesse e Aldous Huxley hanno esplorato temi spirituali nelle loro opere, promuovendo la comprensione e la tolleranza tra le diverse credenze.

Infine, la letteratura sacra e profana ha anche giocato un ruolo importante nella storia della filosofia e della teologia. I testi sacri sono spesso stati utilizzati come fonte di riflessione e meditazione da parte di filosofi e teologi, mentre scrittori profani come Friedrich Nietzsche e Albert Camus hanno esplorato temi spirituali nelle loro opere.

L'impatto delle credenze sulle arti contemporanee e la cultura popolare

L'impatto delle credenze sulle arti contemporanee e la cultura popolare è una questione complessa, poiché coinvolge molti fattori in continua evoluzione. Le credenze religiose e spirituali hanno sempre svolto un ruolo importante nelle arti e nella cultura, ma la loro influenza è cambiata nel tempo, a seconda dei contesti socio-culturali e storici.

Nelle arti contemporanee, si può notare che la religione e la spiritualità hanno assunto nuove forme, spesso contraddistinte da un'approccio più personale e soggettivo. Gli artisti contemporanei ricorrono spesso alla religione e alla spiritualità per esprimere le loro idee, emozioni e preoccupazioni. Cercano di superare i limiti della realtà materiale ed esplorare le dimensioni metafisiche e spirituali dell'esistenza.

Un esempio di questa evoluzione può essere osservato nel movimento dell'arte sacra contemporanea. Questo movimento è caratterizzato dalla fusione dell'arte religiosa tradizionale con elementi dell'arte contemporanea. Gli artisti di questo movimento cercano di rinnovare l'arte religiosa adattandola alle sensibilità contemporanee. Utilizzano materiali moderni e tecniche dell'arte contemporanea per creare opere che riflettano la loro visione personale della spiritualità.

L'influenza della religione e della spiritualità può essere osservata anche nella cultura popolare contemporanea. Le canzoni, i film, le serie televisive, i videogiochi e i libri contemporanei spesso fanno riferimento a temi religiosi e spirituali. I personaggi e le trame sono spesso ispirati a credenze religiose e tradizioni spirituali. I simboli religiosi sono anche spesso utilizzati per comunicare idee ed emozioni.

Tuttavia, l'impatto della religione e della spiritualità sulla cultura popolare è spesso complesso e contraddittorio. Da un lato, la religione e la spiritualità possono essere utilizzate per trasmettere messaggi positivi, come la pace, la tolleranza e l'empatia. Dall'altro lato, possono essere utilizzate per diffondere idee intolleranti, come l'estremismo e l'odio.

È importante notare che l'impatto della religione e della spiritualità sulle arti contemporanee e la cultura popolare è influenzato anche dal contesto socio-culturale e storico in cui si inseriscono. Le credenze religiose e spirituali possono essere interpretate in modi diversi a seconda delle culture e delle epoche. Pertanto, è importante tenere conto del contesto in cui vengono prodotte e consumate le opere d'arte e i prodotti culturali.

Le piramidi d'Egitto: I monumenti del potere divino

Le piramidi come sepolture e simboli dell'ascesa verso l'oltretomba

Le piramidi d'Egitto sono strutture incredibili che hanno affascinato l'immaginazione delle persone per migliaia di anni. Questi edifici giganteschi sono stati costruiti come sepolture per i faraoni dell'antico Egitto, ma hanno anche funzionato come simboli dell'ascesa verso l'aldilà e come testimonianza della credenza nell'esistenza di un mondo spirituale.

La costruzione di una piramide era un'impresa colossale che coinvolgeva migliaia di lavoratori e anni di lavoro. Le piramidi venivano costruite con enormi blocchi di pietra, spesso pesanti tonnellate, che dovevano essere scolpiti con estrema precisione per garantire la stabilità e la durabilità della struttura. Gli architetti e gli ingegneri dovevano progettare una struttura che resistesse al tempo e agli elementi, riflettendo al contempo la grandezza e il potere del faraone.

Oltre a fungere da tombe, le piramidi erano anche concepite per aiutare i faraoni nel loro viaggio verso l'aldilà. Gli antichi Egizi credevano che la vita dopo la morte fosse una continuazione della vita terrena e che la morte fosse solo una transizione verso un altro mondo. Per i faraoni, la vita dopo la morte rappresentava un'opportunità per diventare un dio e governare su un mondo eterno. Le piramidi venivano quindi costruite per fungere da ponte tra il mondo terreno e quello divino.

Le piramidi erano spesso accompagnate da complessi funerari che includevano templi e altre strutture destinate ad assistere il faraone nel suo viaggio verso l'aldilà. Passaggi segreti, camere funerarie e altre strutture erano progettate per guidare il faraone nel suo viaggio e assistere nei suoi riti funerari. Le credenze religiose degli antichi Egizi erano strettamente legate alla costruzione delle piramidi e dei complessi funerari associati.

Le piramidi hanno anche influenzato la costruzione di strutture simili in altre culture in tutto il mondo. Ad esempio, i Maya dell'America centrale hanno costruito piramidi simili per servire come sepolture dei loro governanti. Le piramidi sono quindi potenti simboli della credenza nell'esistenza di un mondo spirituale e della ricerca dell'immortalità.

La costruzione delle piramidi e le loro caratteristiche architettoniche

Le piramidi d'Egitto sono tra le realizzazioni architettoniche più impressionanti della storia umana. Costruite oltre 4500 anni fa, queste strutture funerarie erano destinate ad accogliere i corpi dei faraoni egizi e sono sopravvissute alla prova del tempo per diventare simboli emblematici dell'antica civiltà egizia.

La costruzione delle piramidi rappresentava un notevole exploit tecnico per l'epoca. Le piramidi venivano costruite con massicci blocchi di pietra, ognuno pesante diverse tonnellate, e richiedeva anni di duro lavoro per scolpirli, trasportarli e assemblarli in una struttura monumentale. I lavoratori utilizzavano strumenti semplici come martelli e scalpelli di rame per scolpire i blocchi di pietra, ma utilizzavano anche tecniche più sofisticate come sollevamento e scivolamento per spostare i blocchi nella loro posizione finale.

Le piramidi venivano anche progettate per resistere all'usura del tempo e degli elementi. Gli architetti egizi progettavano le piramidi con una pendenza ripida e una base ampia, in modo da distribuire il peso della struttura su una grande superficie e impedire il cedimento del terreno. Utilizzavano anche pietre più piccole per riempire gli spazi tra i grandi blocchi di pietra, creando così una superficie più uniforme e prevenendo la formazione di crepe.

Le piramidi erano anche dotate di camere funerarie, situate all'interno della struttura, dove i corpi dei faraoni venivano sepolti con oggetti preziosi e offerte funebri. Le piramidi sono state costruite con grande cura per la precisione, in modo che le camere funerarie fossero allineate esattamente con le stelle, considerato un elemento importante nel viaggio verso l'aldilà.

La costruzione delle piramidi era anche uno sforzo collettivo. I lavoratori venivano reclutati da tutto l'Egitto e divisi in squadre di migliaia di persone, ciascuna responsabile di un compito specifico. I lavoratori venivano alloggiati in accampamenti sul cantiere di costruzione, dove venivano nutriti e mantenuti dallo Stato egiziano.

Le piramidi d'Egitto sono state considerate meraviglie dell'architettura per migliaia di anni, e la loro costruzione ha lasciato un'eredità duratura per l'umanità. Le piramidi hanno ispirato numerose altre realizzazioni architettoniche nel corso dei secoli e sono state fonte di ispirazione per gli architetti di tutto il mondo. Inoltre, il loro design innovativo e la loro precisione matematica hanno influenzato molti aspetti della scienza e della tecnologia moderne.

L'importanza dei geroglifici egizi nell'architettura sacra

I geroglifici egizi, una forma di scrittura che utilizza simboli e immagini, sono stati utilizzati nell'architettura sacra egizia per migliaia di anni. Questi simboli e immagini erano considerati sacri e venivano utilizzati per trasmettere importanti messaggi religiosi e spirituali. I geroglifici venivano spesso incisi sulle pareti dei templi e delle tombe e facevano parte integrante della decorazione e dell'architettura sacra.

L'importanza dei geroglifici nell'architettura sacra egizia risiede nella loro capacità di trasmettere in modo chiaro e comprensibile idee e concetti religiosi complessi. I geroglifici sono stati utilizzati per rappresentare dei, faraoni ed eventi religiosi importanti. Ad esempio, il simbolo dell'occhio di Horus veniva spesso utilizzato per rappresentare la protezione divina ed era inciso sulle pareti dei templi per proteggere i santuari.

I geroglifici venivano anche utilizzati per raccontare storie religiose e mitologiche importanti. Le pareti dei templi erano spesso decorate con scene della vita dopo la morte, rappresentando il viaggio dell'anima del defunto attraverso le prove del giudizio davanti al tribunale di Osiride. Queste scene erano accompagnate da geroglifici che spiegavano le fasi del viaggio e le azioni che il defunto doveva compiere per avere successo.

I geroglifici sono stati anche utilizzati per trasmettere istruzioni per i riti e le cerimonie religiose. I testi dei rituali venivano incisi sulle pareti dei templi e letti dai sacerdoti durante le cerimonie. I geroglifici erano quindi una parte essenziale dell'architettura sacra egizia, in quanto consentivano di trasmettere importanti messaggi religiosi e spirituali in modo chiaro e preciso.

Inoltre, i geroglifici erano un elemento chiave della progettazione architettonica dei templi e delle tombe. Le immagini e i simboli incisi sulle pareti dei templi venivano attentamente scelti per riflettere il significato spirituale della struttura. Anche le colonne, i capitelli e i soffitti erano decorati con geroglifici che rafforzavano il tema religioso e spirituale dell'edificio.

In conclusione, l'uso dei geroglifici egizi nell'architettura sacra era una pratica comune nell'antico Egitto. I geroglifici erano un modo efficace per trasmettere idee e concetti religiosi complessi in modo chiaro e comprensibile. Venivano utilizzati per rappresentare dei, raccontare storie religiose e mitologiche, trasmettere istruzioni per i riti e le cerimonie religiose e decorare i templi e le tombe con immagini e simboli che riflettevano il loro significato spirituale. I geroglifici erano quindi un elemento essenziale dell'architettura sacra egizia e hanno contribuito a plasmare una delle civiltà più affascinanti nella storia dell'umanità.

I templi greci e romani: gli dei del Mediterraneo

La mitologia greca e romana e il suo impatto sulla società

La mitologia greca e romana è una delle più conosciute al mondo. Ha segnato profondamente la storia e la cultura occidentali. Questa mitologia, sviluppata nel corso dei secoli, ha avuto un impatto significativo sulla società dell'epoca. Era presente in numerosi ambiti come la letteratura, l'arte, l'architettura, la filosofia, i giochi olimpici, la politica, la vita quotidiana e le credenze religiose.

La mitologia greca era politeista, cioè credeva in molteplici dei e dee. Questi erano considerati esseri immortali, potenti e capricciosi, che intervenivano nella vita degli uomini per aiutarli o punirli. Gli dei greci erano rappresentati con tratti umani, ma anche con caratteristiche animali o mostruose. Ognuno aveva attributi e poteri specifici. Ad esempio, Zeus era il dio del cielo e del tuono, Poseidone era il dio del mare e Atena era la dea della saggezza e della guerra.

La mitologia romana era molto simile a quella greca, poiché era ampiamente influenzata da quest'ultima. Gli dei romani avevano nomi diversi da quelli greci, ma avevano funzioni e caratteristiche simili. Giove era il dio romano del tuono, Nettuno era il dio del mare e Minerva era la dea della saggezza e della guerra.

I miti e le leggende greci e romani sono stati raccontati per secoli attraverso opere letterarie come l'Iliade e l'Odissea di Omero o le Metamorfosi di Ovidio. Queste storie hanno ispirato numerosi artisti e artigiani nel corso dei secoli, come scultori, pittori e architetti. I templi greci e gli anfiteatri romani sono esempi notevoli dell'influenza della mitologia sull'architettura.

I giochi olimpici, creati in onore del dio Zeus, erano un evento di grande importanza nella società greca. Si sono svolti a partire dal 776 a.C. e sono continuati per oltre mille anni. I giochi olimpici moderni sono stati creati nel 1896 in Grecia, in omaggio alla storia di questa cultura.

Anche la filosofia greca è stata influenzata dalla mitologia. Filosofi come Platone e Aristotele hanno utilizzato storie e metafore mitologiche per spiegare le loro idee sulla natura umana e la vita etica. La mitologia greca ha influenzato anche il pensiero romano, soprattutto gli stoici che cercavano di vivere in armonia con le leggi naturali dell'universo.

Le principali costruzioni dedicate agli dei greci e romani (Partenone, Pantheon, etc.)

Greci e Romani erano noti per la venerazione di una moltitudine di dei e dee. Di conseguenza, sono stati eretti numerosi monumenti per onorare le loro divinità, lasciando un'eredità impressionante nell'architettura religiosa.

Il Partenone è il monumento più famoso dedicato agli dei greci, un tempio dedicato alla dea Atena situato sull'Acropoli di Atene. Costruito nel V secolo a.c., il Partenone è considerato uno dei capolavori dell'architettura classica. Gli Greci utilizzavano uno stile architettonico noto come «stile dorico», caratterizzato da colonne semplici e massicce con un capitello circolare in cima. Il tempio era riccamente decorato con sculture in marmo che raccontavano le gesta di Atena e degli altri dei.

Oltre al Partenone, c'erano molti altri templi costruiti per gli dei greci. Il tempio di Zeus ad Olimpia era uno dei più grandi templi dell'antica Grecia, costruito per ospitare la statua crisoelefantina del dio Zeus, considerata una delle sette meraviglie del mondo antico.

Il Tempio di Apollo a Delfi era anche un luogo di culto importante nell'antica Grecia. Situato sulle pendici del monte Parnaso, il tempio era dedicato al dio Apollo, venerato per la sua saggezza e i suoi doni profetici. Il tempio era famoso per il suo oracolo, che veniva consultato da migliaia di persone ogni anno. Il tempio di Apollo era caratterizzato da colonne ioniche, una frise scolpita e un tholos a forma di cerchio.

Anche i Romani hanno costruito numerosi templi dedicati agli dei, il più famoso dei quali è il Pantheon. Originariamente costruito come tempio per tutti gli dei romani, è stato convertito in una chiesa cristiana nel VII secolo. L'edificio è famoso per la sua cupola in cemento che è rimasta la più grande del mondo fino al XVIII secolo. I Romani hanno anche utilizzato uno stile architettonico specifico per i loro templi, noto come «stile corinzio». Questo stile si caratterizza per colonne snelle ed eleganti con capitelli a foglie d'acanto. Il Tempio di Venere a Roma, considerato il più bello dei templi romani, è un ottimo esempio dell'utilizzo di questo stile.

Il Tempio di Vesta, situato a Roma, era dedicato alla dea del focolare e della famiglia. Il tempio era noto per il suo piano circolare, che simboleggiava l'unità della famiglia romana. Il Tempio di Vesta è stato costruito nel I secolo a.c. ed era considerato uno degli edifici più importanti dell'antica Roma.

Oltre ai templi, Greci e Romani costruirono anche anfiteatri per ospitare eventi religiosi e giochi. Il più famoso di essi è il Colosseo di Roma, costruito nel I secolo d.C. per ospitare combattimenti tra gladiatori e altre spettacolari.

L'architettura e l'arte nei templi greci e romani

I templi greci e romani hanno segnato la storia dell'architettura e dell'arte in tutto il mondo, sia per la loro bellezza che per la loro influenza sugli stili architettonici e artistici successivi. Questi templi erano non solo luoghi di culto, ma anche centri della vita sociale e politica delle città antiche. Sono stati quindi progettati con cura per simboleggiare la grandezza degli dei e delle città che rappresentavano.

L'architettura dei templi greci è conosciuta per la sua semplicità ed eleganza. I templi erano spesso costruiti su rilievi per conferire un'impressione di potenza e grandiosità. Le colonne, uno degli elementi più caratteristici dei templi greci, erano disposte attorno all'edificio e spesso decorate con motivi ornamentali come le foglie d'acanto. I frontoni triangolari sulla cima del tempio erano spesso decorati con sculture di scene mitologiche, rappresentanti gli dei e gli eroi della mitologia.

I templi romani, invece, erano più grandiosi e complessi rispetto ai loro omologhi greci. Spesso presentavano un'ampia entrata monumentale, chiamata portico, che precedeva la sala principale del tempio. Le colonne dei templi romani erano spesso più massicce di quelle dei templi greci, con decorazioni più ricche e dettagli più complessi.

Le sculture e gli affreschi venivano spesso utilizzati per decorare le pareti dei templi. I Greci creavano sculture di dei, dee e eroi mitici, spesso in marmo o bronzo. I Romani, invece, preferivano utilizzare sculture più realistiche, raffiguranti personaggi famosi ed eventi storici.

La ceramica era anche un elemento importante dell'arte greca e romana. Le anfore greche erano spesso decorate con scene di vita quotidiana, storie mitologiche o ritratti di cittadini illustri. Le anfore romane, invece, erano spesso decorate con motivi geometrici complessi o scene di vita quotidiana.

L'arte e l'architettura dei templi greci e romani hanno avuto un'enorme influenza sull'arte e sull'architettura in tutto il mondo. Le colonne e i frontoni triangolari dei templi greci hanno ispirato numerosi edifici governativi e religiosi, mentre gli archi a volta e gli ornamenti complessi dei templi romani sono stati riprodotti negli edifici pubblici e nelle cattedrali del Medioevo.

In sintesi, i templi greci e romani hanno lasciato un'eredità culturale e artistica che ha attraversato secoli e confini. La loro architettura elegante e le loro sculture dettagliate sono ancora ammirate oggi per la loro bellezza e raffinatezza. I templi greci e romani sono quindi testimonianze viventi dell'ingegno e della creatività delle antiche società e un omaggio alla grandezza della civiltà mediterranea.

Le differenze tra l'architettura religiosa greca e romana

Le differenze tra l'architettura religiosa greca e romana sono molte e significative, anche se queste due culture condividevano somiglianze in termini di pantheon di dei e credenze religiose. L'architettura greca si caratterizzava per uno stile elegante e semplice, incentrato su proporzioni armoniose e forme geometriche pure. I templi greci erano spesso costruiti su acropoli e si accedeva ad essi tramite massicci scaloni. I templi erano anche circondati da colonne doriche, ioniche o corinzie, che sorreggevano i tetti inclinati e che erano decorate con complesse sculture. La perfezione delle forme era un valore chiave dell'architettura greca, che si rifletteva nell'attenzione al dettaglio nella scultura e nell'ornamentazione. I templi erano concepiti per essere ammirati dall'esterno, per mettere in risalto la bellezza e l'armonia dell'insieme.

D'altra parte, l'architettura religiosa romana era più imponente e grandiosa, ponendo l'accento sulla grandezza e la magnificenza piuttosto che sull'eleganza e la semplicità. I templi romani erano spesso costruiti su massicci podi e presentavano imponenti pronai, archi e volte. Gli interni erano riccamente decorati con affreschi e sculture, nonché mosaici e pavimenti in marmo. I Romani hanno anche introdotto importanti innovazioni architettoniche, come l'arco a tutto sesto e la volta a botte, che hanno consentito di costruire strutture più grandi e complesse. I templi romani erano concepiti per essere vissuti dall'interno, per creare un'esperienza immersiva e impressionante per i visitatori.

Un'altra differenza notevole tra l'architettura religiosa greca e romana era il modo in cui utilizzavano la luce. I Greci spesso utilizzavano finestre strette e aperture nel tetto per far filtrare la luce, creando così un effetto di gioco di ombre e luci drammatico all'interno dei templi. I Romani, invece, spesso utilizzavano volte e cupole per creare effetti luminosi spettacolari, così come aperture nelle pareti per far entrare la luce naturale. La luce era quindi utilizzata in modo diverso nelle due culture, sia per evidenziare forme e motivi, sia per creare effetti drammatici.

Infine, Greci e Romani avevano idee diverse sull'utilizzo dello spazio all'interno dei templi. I Greci tendevano ad utilizzare templi più piccoli e intimi, pensati per ospitare una piccola parte della popolazione alla volta. I Romani, al contrario, costruivano templi più grandi con sale e spazi per accogliere grandi folle, che potevano partecipare a cerimonie religiose di massa. I templi romani erano progettati per soddisfare le esigenze della popolazione in termini di celebrazioni religiose e raduni sociali.

In conclusione, sebbene Greci e Romani avessero credenze religiose simili, i loro stili architettonici erano molto diversi. I Greci hanno creato templi eleganti e intimi, mentre i Romani hanno optato per strutture grandiose e maestose. Tuttavia, entrambe le culture hanno lasciato un'eredità architettonica estremamente importante che ha influenzato l'architettura religiosa nel mondo occidentale per secoli.

Il buddhismo e l'induismo: L'emergere dei templi in Asia

Capolavori architettonici

I capolavori architettonici buddhisti e induisti, come Angkor Wat e Borobudur, sono meraviglie dell'architettura e dell'arte che testimoniano la creatività, la spiritualità e la ricchezza culturale dell'umanità.

Angkor Wat è uno dei templi buddhisti più imponenti e complessi al mondo, situato in Cambogia. Costruito nel XII secolo, è dedicato al dio Vishnu, ma è stato convertito in tempio buddhista nel XIV secolo. Il tempio è considerato un capolavoro dell'architettura khmer, con torri iconiche a forma di loto e sculture che raccontano la storia dell'induismo e del buddhismo.

Borobudur, situato in Indonesia, è il più grande tempio buddhista al mondo e una gioia dell'architettura giavanese. Costruito nel IX secolo, è composto da nove livelli, di cui gli ultimi tre sono circolari e rappresentano le diverse fasi dell'illuminazione buddhista. Le pareti sono adornate da rilievi scolpiti a mano, che descrivono storie della vita di Buddha e della vita quotidiana in Indonesia.

Questi templi non sono solo opere d'arte e architettura, ma sono anche luoghi di culto e meditazione per buddhisti e induisti. Gli architetti e gli artisti che hanno creato questi templi hanno utilizzato la loro creatività per progettare spazi adatti alla contemplazione e alla connessione con il divino. I templi buddhisti e induisti sono anche esempi dell'importanza dell'armonia tra l'uomo e la natura.

I templi di Angkor Wat e Borobudur sono stati costruiti per ispirare la meditazione e la riflessione spirituale. Gli architetti e gli artisti hanno progettato questi monumenti in modo da incoraggiare la contemplazione e la connessione con il divino. I templi buddhisti e induisti sono anche esempi dell'importanza dell'armonia tra l'uomo e la natura.

Oltre al loro ruolo spirituale, questi templi hanno anche svolto un ruolo importante nella diffusione della cultura e della spiritualità buddhiste e induiste. Sono stati centri di educazione e meditazione per le comunità locali, nonché luoghi di pellegrinaggio per i credenti di tutto il mondo. Sono stati anche testimoni della ricchezza e della diversità dell'arte e dell'architettura asiatiche.

I capolavori architettonici buddhisti e induisti come Angkor Wat e Borobudur sono testimonianze della profondità e della complessità della spiritualità umana. Mostrano che le credenze religiose possono essere fonti di ispirazione e creatività, nonché mezzi di connessione tra culture e popoli. Questi templi sono straordinari testimoni dell'arte e dell'architettura del loro tempo e continuano ad ispirare visitatori di tutto il mondo.

L'arte dei templi buddhisti e induisti

I templi buddhisti e induisti sono gioielli dell'architettura religiosa asiatica, dove l'arte e la spiritualità si uniscono per creare opere di straordinaria bellezza e complessità. I simboli e i motivi utilizzati in questi templi hanno un significato profondo e permettono ai praticanti di connettersi con gli insegnamenti e i valori della loro religione. In questa sezione, esploreremo l'arte e la simbologia dei templi buddhisti e induisti per comprendere meglio la loro importanza nella pratica religiosa.

I templi buddhisti e induisti sono spesso progettati come rappresentazioni del cosmo, con spazi che simboleggiano i diversi piani dell'esistenza. L'architettura di questi templi è spesso caratterizzata da elementi ricorrenti, come massicci portali d'ingresso, sale di meditazione, santuari di divinità e corti interne adornate da statue e oggetti rituali.

Il buddhismo è una religione fondata da Siddhartha Gautama, anche conosciuto come Buddha, che visse in India nel VI secolo a.C. L'architettura buddhista è caratterizzata da forme geometriche semplici, linee pulite e un uso minimale del colore. I templi buddhisti sono generalmente costruiti in legno, pietra o mattoni, e sono spesso decorati con motivi floreali o ruote del dharma, simbolo dell'insegnamento di Buddha.

I templi induisti, d'altra parte, sono spesso costruiti in pietra e sono più elaborati nella loro decorazione e nel loro design. L'architettura induista è caratterizzata dall'uso di colonne, pilastri e volte, così come da sculture complesse che rappresentano dei, dee e divinità. I templi induisti sono anche adornati da motivi floreali, simboli sacri e rappresentazioni della natura.

Uno degli elementi più notevoli dell'arte dei templi buddhisti e induisti è la scultura. Le sculture di divinità, eroi mitici e personaggi della vita quotidiana sono spesso realizzate in pietra, bronzo o legno. Le sculture di divinità sono spesso raffigurate con attributi e posture simboliche, come il Buddha in posizione di meditazione o la dea induista Kali che danza sul corpo del suo sposo.

I templi induisti sono anche famosi per i loro affreschi murali e i loro bassorilievi scolpiti, che spesso raccontano storie complesse della mitologia. Gli affreschi murali rappresentano spesso scene della vita quotidiana, cerimonie religiose ed eventi storici.

I templi buddhisti e induisti sono spesso costruiti con materiali locali, come pietra, marmo, legno o mattoni, e sono decorati con motivi e colori che riflettono le tradizioni locali. Ad esempio, i templi buddhisti nel Sud-Est asiatico sono spesso riccamente decorati con oro e colori vivaci, mentre i templi induisti in India possono essere decorati con affreschi complessi e sculture di pietra.

Simboli e motivi ricorrenti dei templi buddhisti e induisti

Nei templi buddhisti e induisti si trovano simboli e motivi ricorrenti che hanno un significato profondo e riflettono le credenze e le pratiche spirituali di queste religioni.

Il mandala è uno dei simboli più conosciuti nei templi buddhisti e induisti. Rappresenta l'universo ed è spesso utilizzato per la meditazione. I mandala possono essere semplici o complessi, ma hanno sempre un centro che simboleggia l'unità e la completezza.

Il loto è un altro simbolo importante nei templi buddhisti e induisti. Rappresenta la purezza e l'illuminazione spirituale, in quanto cresce nel fango ed emerge immacolato. Le statue del Buddha sono spesso raffigurate sedute su un loto.

La ruota della vita è un motivo ricorrente nei templi buddhisti. Rappresenta i cicli della vita e della morte, così come la ruota della legge. La ruota è composta da dodici sezioni che rappresentano le dodici fasi della vita.

Nei templi induisti si trovano spesso statue e immagini di divinità come Shiva, Vishnu e Kali. Queste divinità hanno ciascuna i propri attributi e simboli. Ad esempio, Shiva è spesso raffigurato con un tridente, che simboleggia il corpo, la mente e l'anima.

I yantra sono motivi geometrici utilizzati nei templi induisti per la meditazione. Ogni yantra ha un significato specifico e viene utilizzato per stimolare diversi aspetti della mente e della coscienza.

Le sculture di serpenti sono anche comuni nei templi induisti. I serpenti simboleggiano la saggezza e il potere divino, così come la rinascita e il ciclo eterno della vita.

Infine, i templi buddhisti e induisti sono spesso decorati con colori vivaci e motivi complessi che hanno un significato spirituale. Ad esempio, i colori rosso, giallo e blu rappresentano rispettivamente la passione, la conoscenza e la saggezza nella tradizione buddhista.

Le opere mesoamericane: Le piramidi precolombiane

Le credenze religiose dei Maya, degli Aztechi e degli Incas

Le credenze religiose dei Maya, degli Aztechi e degli Incas hanno profondamente influenzato la vita e la cultura di questi popoli precolombiani. Le tre civiltà avevano sistemi religiosi sofisticati che hanno plasmato la loro visione del mondo e la loro relazione con gli dei.

Tra i Maya, la religione era pervasiva nella vita quotidiana. I Maya credevano in un gran numero di dei, ognuno con un ruolo specifico nella vita degli esseri umani. Le loro credenze erano incentrate sulla natura e sui cicli della vita, e praticavano complessi rituali per onorare i loro dei. Costruivano anche templi per i loro dei e praticavano sacrifici umani per placare la loro ira. Le credenze dei Maya hanno influenzato la loro arte, l'architettura e il calendario.

Gli Aztechi avevano una religione simile, ma con un'organizzazione religiosa più gerarchizzata. Gli Aztechi credevano in molti dei, ma il loro dio supremo era Huitzilopochtli, il dio del sole e della guerra. Gli Aztechi hanno costruito immensi templi per onorare i loro dei, tra cui il famoso Templo Mayor a Tenochtitlan. Anche i sacrifici umani erano una pratica importante per gli Aztechi, poiché credevano che il sangue umano fosse necessario per nutrire gli dei.

Gli Inca, d'altra parte, credevano in un dio supremo chiamato Inti, il dio del sole. Avevano anche una moltitudine di altri dei che rappresentavano le forze naturali e gli elementi. Gli Inca costruirono grandi città e templi per onorare i loro dei, tra cui il tempio del sole a Cusco. Anche i sacrifici umani erano praticati dagli Inca, ma in misura minore rispetto ai Maya e agli Aztechi.

Le credenze religiose di queste civiltà hanno influenzato anche la loro società e politica. I sacerdoti e gli sciamani erano figure importanti nella vita pubblica, consigliando i leader e svolgendo un ruolo nelle decisioni importanti. Le credenze religiose hanno anche influenzato l'organizzazione della società, con caste e classi sociali basate su criteri religiosi.

I templi e le piramidi dell'America centrale e del Sud (Chichén Itzá, Machu Picchu, ecc.)

I templi e le piramidi dell'America centrale e del Sud sono affascinanti testimonianze della storia antica e delle credenze religiose di queste regioni. Siti come Chichén Itzá in Messico, Machu Picchu in Perù e Tikal in Guatemala sono esempi emblematici della grandezza architettonica di queste antiche civiltà.

Queste grandi strutture sono state costruite dalle popolazioni indigene che vivevano in queste regioni prima dell'arrivo dei conquistadores spagnoli. Le piramidi mesoamericane, ad esempio, sono state costruite dai Maya e dagli Aztechi, mentre Machu Picchu era un importante centro cerimoniale e politico dell'impero inca.

Questi templi e piramidi avevano diverse funzioni, che spaziavano dai centri religiosi ai luoghi di sacrifici umani e ai palazzi reali. I templi erano anche centri di apprendimento e conoscenza per i sacerdoti e i leader. Le strutture venivano spesso costruite utilizzando tecniche sofisticate, come la lavorazione precisa della pietra e la costruzione di avanzati sistemi di drenaggio.

La piramide di El Castillo a Chichén Itzá, ad esempio, è un impressionante esempio di architettura mesoamericana. È stata costruita per onorare il dio Kukulcan e presenta una scalinata con 91 gradini da ciascun lato, per un totale di 365 gradini, che rappresentano i giorni dell'anno. Durante il solstizio d'estate, un serpente di luce appare sui gradini della piramide, creando un'impressionante illusione visiva.

Allo stesso modo, la cittadella di Machu Picchu è un eccezionale esempio di architettura inca, costruita sulla cima di una montagna a 2.430 metri di altitudine. La cittadella è stata costruita alla fine del XV secolo ed è stata utilizzata per circa 100 anni prima di essere abbandonata. Al suo interno si trovano templi, palazzi e case di pietra, testimonianza della grandezza e della complessità della civiltà inca.

Questi templi e piramidi non sono solo testimonianze architettoniche, ma raccontano anche delle credenze religiose e spirituali delle popolazioni indigene. I templi erano considerati porte d'ingresso verso gli dei e spesso erano decorati con sculture e dipinti raffiguranti divinità ed eventi mitici.

Questi siti testimoniano anche l'importanza della natura e del legame stretto tra le popolazioni indigene e il loro ambiente. Le piramidi mesoamericane erano spesso costruite vicino a fonti d'acqua, considerate portali verso l'aldilà. Machu Picchu, invece, è stata costruita in un ambiente montuoso spettacolare, che la rendeva un importante centro religioso e politico per gli Inca.

L'arte e l'architettura mesoamericane

La civiltà mesoamericana, che raggiunse il suo apogeo tra il 2000 a.c. e l'arrivo degli Spagnoli nel XVI secolo, ha lasciato un'impressionante ricchezza culturale, che comprende un'architettura e un'arte uniche nel loro genere. I mesoamericani, le cui civiltà più note sono i Maya, gli Aztechi e gli Inca, hanno lasciato un'impronta duratura nella storia dell'umanità.

L'architettura mesoamericana era molto diversa da quella delle culture europee e asiatiche. Era caratterizzata da massicce strutture piramidali spesso utilizzate per rituali religiosi e sacrifici umani. Le piramidi, come quella di Chichén Itzá in Messico, erano spesso decorate con complesse sculture, affreschi e motivi geometrici. I muri erano spesso ornati di geroglifici che raccontavano storie mitologiche.

I mesoamericani erano anche noti per la loro arte della ceramica e della scultura. Le sculture venivano spesso utilizzate per rappresentare dei e animali sacri, come il giaguaro, che era considerato un animale spirituale importante. I mesoamericani erano anche noti per l'arte della lavorazione dei metalli, che includeva bellissimi oggetti d'oro e d'argento.

I templi e le piramidi, considerati luoghi sacri, erano spesso decorati con complesse mosaici e pitture murali. I mesoamericani utilizzavano materiali locali per la costruzione dei loro edifici, come pietra, legno e fango. I tetti erano spesso realizzati con paglia o foglie di palma.

L'arte mesoamericana fu influenzata anche dalle credenze religiose. Rappresentazioni della morte, del sacrificio e della vita dopo la morte erano comuni nell'arte mesoamericana. Le maschere funerarie venivano spesso utilizzate per decorare tombe e sarcofagi.

In definitiva, l'arte e l'architettura mesoamericana sono testimonianze impressionanti della ricchezza culturale e spirituale delle popolazioni indigene dell'America centrale e del Sud. Le massicce piramidi e le complesse sculture sono esempi della creatività e della complessità delle credenze religiose mesoamericane. La bellezza e l'importanza di queste opere d'arte continuano a ispirare e affascinare persone di tutto il mondo.

Il cristianesimo: Le grandi cattedrali e chiese d'Europa

L'ascesa del cristianesimo e la sua influenza sull'arte e sull'architettura

L'ascesa del cristianesimo nel corso dei secoli ha avuto un impatto significativo sull'arte e sull'architettura occidentali. Il cristianesimo ha influenzato gli stili architettonici, i temi artistici, i materiali utilizzati e le tecniche di costruzione.

L'architettura cristiana si è evoluta nel corso dei secoli, partendo dalle umili chiese in legno dei primi secoli dell'era cristiana, fino alle grandi cattedrali gotiche del Medioevo. Anche l'arte cristiana ha subito trasformazioni radicali, dalle pitture rupestri nelle catacombe romane alle affreschi del Rinascimento italiano.

Le chiese cristiane sono spesso caratterizzate da simmetria e armonia geometrica, che simboleggiano l'ordine divino nell'universo. Le volte a crociera e gli archi a sesto acuto sono anche elementi ricorrenti nell'architettura cristiana. I vetri colorati sono un altro esempio di elemento decorativo ricorrente nelle chiese cristiane. Sono spesso stati utilizzati per rappresentare scene bibliche e il loro uso della luce naturale è stato percepito come simbolo della luce divina.

Nel Medioevo, l'architettura gotica divenne lo stile dominante per chiese e cattedrali. Le cattedrali gotiche sono spesso caratterizzate da volte a crociera, archi rampanti e rosoni, che sono stati utilizzati per creare spazi verticali impressionanti. Le cattedrali gotiche sono state costruite per elevare i fedeli verso Dio e simboleggiare la grandezza divina.

Anche l'arte cristiana ha subito significative trasformazioni nel corso dei secoli. I primi artisti cristiani spesso erano costretti a lavorare nelle catacombe sotterranee per sfuggire alle persecuzioni romane. Le pitture rupestri e le sculture erano spesso utilizzate per trasmettere messaggi religiosi a una popolazione analfabeta.

Nel Medioevo, l'arte cristiana conobbe un rinnovamento con la creazione di manoscritti miniati, affreschi e sculture in marmo. Gli affreschi nelle chiese medievali spesso raffiguravano scene bibliche e santi, oltre a rappresentazioni della vita quotidiana. I manoscritti miniati erano libri riccamente decorati con illustrazioni colorate e iniziali elaborate.

Il Rinascimento ha visto l'emergere di un nuovo stile artistico, con artisti come Michelangelo e Leonardo da Vinci che hanno creato opere d'arte cristiane famose come la Cappella Sistina e l'Ultima Cena. Il Rinascimento ha anche visto l'emergere di un nuovo stile architettonico, caratterizzato da colonne corinzie e archi di trionfo, che è stato utilizzato per creare edifici come la Basilica di San Pietro a Roma.

Gli edifici simbolo del cristianesimo

Nella storia del cristianesimo, molti edifici religiosi sono stati costruiti in tutto il mondo per testimoniare la fede cristiana e l'architettura sacra. Questi edifici simbolo, spesso chiamati cattedrali o chiese, sono simboli dell'importanza della religione nella cultura e nell'arte occidentale. In questa sezione esploreremo le caratteristiche degli edifici più notevoli del cristianesimo, evidenziandone la storia, l'architettura e il significato religioso.

La cattedrale di Notre-Dame a Parigi, situata nel cuore della città, è uno degli esempi più noti di architettura religiosa. Con i suoi famosi archi rampanti e i suoi vetri colorati, Notre-Dame è considerata uno dei gioielli dell'architettura gotica. La sua costruzione iniziò nel XII secolo e continuò fino al XIV secolo. La cattedrale è un esempio notevole di architettura sacra, caratterizzata dall'uso della luce e dell'altezza per creare un senso di trascendenza spirituale.

La Basilica di San Pietro a Roma è un'altra cattedrale simbolo del cristianesimo. Costruita sul sito della tomba di San Pietro, la Basilica è considerata il centro del cattolicesimo romano ed è una delle più grandi chiese del mondo. Con la sua iconica cupola e la sua facciata barocca, la Basilica è un esempio notevole di architettura religiosa, caratterizzata dalla grandezza e dalla ricchezza delle sue decorazioni.

La cattedrale di Chartres in Francia è anche un importante esempio di architettura religiosa gotica. È famosa per i suoi vetri colorati, che raccontano storie bibliche, e per il suo spettacolare rosone. La cattedrale di Chartres è un esempio notevole di come l'architettura sacra possa raccontare storie spirituali attraverso la bellezza e la simbologia dei suoi elementi architettonici.

La Sagrada Familia a Barcellona, in Spagna, è un esempio di architettura sacra moderna e innovativa. Progettata dall'architetto catalano Antoni Gaudí, questa chiesa è un mix di stili architettonici gotici e moderni. È caratterizzata da forme organiche e sculture astratte che testimoniano la spiritualità cristiana di Gaudí. La Sagrada Familia è un esempio notevole di innovazione architettonica e creatività che possono essere applicate all'architettura sacra.

La cattedrale di Colonia in Germania è uno dei più impressionanti esempi di architettura gotica. Con le sue due imponenti torri, la cattedrale è uno dei più grandi edifici religiosi d'Europa e un simbolo della fede cristiana. La sua costruzione iniziò nel XIII secolo e continuò per diversi secoli, testimonianza della perseveranza e dell'impegno dei costruttori nella loro fede.

Infine, la basilica di Notre-Dame a Montréal in Canada è un notevole esempio di architettura religiosa moderna e innovativa. Progettata dall'architetto quebecchese Paul Bellavance, la basilica è caratterizzata dal suo tetto a forma di conchiglia, che richiama la simbologia del battesimo. La basilica di Notre-Dame de Montréal è un notevole esempio di come l'architettura sacra possa evolversi e adattarsi alle esigenze e alle sensibilità dei fedeli.

Complessivamente, questi edifici simbolo del cristianesimo testimoniano la ricchezza e la diversità dell'architettura sacra. Sono simboli della fede cristiana e dell'impegno dei costruttori nella loro spiritualità. Inoltre, sono testimoni della storia dell'arte e della cultura occidentali, nonché dei monumenti architettonici che hanno influenzato gli stili architettonici di molte epoche e culture.

Tuttavia, oltre alla loro bellezza e al loro significato religioso, questi edifici hanno anche un significato simbolico più profondo. Testimoniano la capacità dell'uomo di trascendere il materiale e connettersi con il spirituale, creando opere d'arte e monumenti che raccontano storie spirituali e ispirano le future generazioni. Sono testimoni della ricerca umana per comprendere il divino e costruire un mondo migliore, e continuano a ispirare e nutrire la nostra spiritualità oggi.

Gli stili architettonici e l'iconografia delle cattedrali e delle chiese cristiane

Le cattedrali e le chiese cristiane sono edifici religiosi di grande importanza che sono stati costruiti in tutto il mondo per secoli. Queste strutture rappresentano l'espressione più significativa dell'architettura cristiana e sono state utilizzate per celebrare la liturgia, come luogo di preghiera e come testimonianza della fede delle comunità cristiane.

Le cattedrali e le chiese cristiane hanno uno stile architettonico unico facilmente identificabile dalle caratteristiche comuni di queste strutture. Tra queste caratteristiche ci sono l'uso di volte, archi, contrafforti e finestre decorate in vetro. Le chiese e le cattedrali sono spesso costruite a forma di croce latina, con una navata centrale e due navate laterali e un'abside dove si trova l'altare. Le cattedrali spesso hanno transetti che formano la croce e un coro all'estremità opposta all'ingresso.

Gli stili architettonici delle cattedrali e delle chiese cristiane variano a seconda dell'epoca e della regione. I primi stili sono stati sviluppati all'inizio del cristianesimo, quando la Chiesa iniziò ad emergere come istituzione. Lo stile romanico, sviluppatosi nel IX secolo, è caratterizzato dall'uso di archi a tutto sesto, volte a crociera e pesanti pilastri rotondi. Le cattedrali romaniche sono spesso massicce e imponenti, con grandi facciate e torri.

Nel XII secolo, nacque lo stile gotico in Francia e si diffuse rapidamente in tutta Europa. Le chiese e le cattedrali gotiche sono caratterizzate dall'uso di archi rampanti, volte a nervature e finestre ad arco acuto. Le chiese e le cattedrali gotiche sono spesso più alte ed eleganti delle chiese romaniche e sono caratterizzate da un'abbondanza di sculture, vetrate e decorazioni.

Nel XVI secolo, nacque lo stile barocco in Italia e si diffuse rapidamente in tutta Europa. Le cattedrali e le chiese barocche sono caratterizzate da forme dinamiche, ornamenti sontuosi e abbondanza di sculture e affreschi. Le cattedrali barocche sono spesso decorate con marmi policromi e stucchi dorati.

Nel XIX secolo, nacque lo stile neogotico in Inghilterra e si diffuse in tutta Europa e in Nord America. Le cattedrali e le chiese neogotiche sono caratterizzate da archi acuti, vetrate colorate, sculture e guglie slanciate.

L'iconografia è anche parte importante dell'arte cristiana, specialmente nelle cattedrali e nelle chiese. Affreschi, mosaici, sculture e vetrate sono stati tutti utilizzati per illustrare storie bibliche e santi. Le cattedrali e le chiese sono anche decorate con simboli e ornamenti che rappresentano la fede cristiana. Le rappresentazioni della croce, della Vergine Maria, degli apostoli e dei santi sono elementi comuni dell'iconografia cristiana.

Le vetrate sono una forma d'arte particolarmente importante nell'architettura cristiana. Le vetrate colorate spesso rappresentano scene bibliche o santi e sono spesso utilizzate per raccontare la storia della fede cristiana. Le vetrate sono anche utilizzate per creare effetti di luce che creano un'atmosfera di preghiera e contemplazione.

Anche le sculture sono un elemento importante dell'iconografia cristiana. Statue di santi, angeli e altre figure bibliche sono spesso utilizzate per decorare cattedrali e chiese. Le sculture possono essere elementi autonomi, ma sono spesso integrate negli elementi architettonici della chiesa, come i portali e i capitelli.

L'evoluzione degli stili architettonici cristiani nel corso del tempo

L'evoluzione degli stili architettonici cristiani nel corso del tempo è stata influenzata da fattori come geografia, storia e preferenze artistiche. Gli stili sono evoluti in modo significativo dagli albori dell'architettura cristiana nel Medio Oriente e nel Mediterraneo, per diventare gli stili più variegati ed elaborati che si trovano nelle cattedrali, nelle chiese e nei monasteri in tutto il mondo.

I primi stili architettonici cristiani erano fortemente influenzati dalle tradizioni architettoniche romane e bizantine. Le prime chiese cristiane erano spesso edifici modesti costruiti con materiali locali come legno e pietra. Lo stile Byzantine, che si sviluppò a partire dall'Impero Romano d'Oriente, ebbe una grande influenza sull'architettura cristiana nell'Europa orientale, in Russia e nei Balcani. Le chiese bizantine erano spesso cupole che sovrastavano una forma rettangolare con pareti spesse e archi decorativi.

Nel Medioevo, gli stili architettonici cristiani si svilupparono in Europa occidentale, includendo elementi romanici, gotici e rinascimentali. Le chiese romaniche furono costruite tra il X e il XII secolo, con volte a crociera, archi spezzati e finestre ad arco acuto. Le chiese gotiche furono costruite a partire dal XII secolo e si caratterizzavano per archi rampanti, volte a nervature e vetrate elaborate. Le chiese rinascimentali furono costruite a partire dal XV secolo e includevano elementi come cupole, archi trionfali e colonne decorative.

Nel corso del tempo, gli stili architettonici cristiani hanno continuato ad evolversi per incorporare elementi di diversi stili, come il barocco, il neoclassico e l'Art Nouveau. Il barocco, che si sviluppò a partire dal XVII secolo, era caratterizzato da curve, volute e ornamenti elaborati. Il neoclassico, che si sviluppò a partire dal XVIII secolo, era caratterizzato da colonne, architravi e fregi in marmo. L'Art Nouveau, che si sviluppò alla fine del XIX secolo, era caratterizzato da forme organiche, motivi floreali e linee fluide.

Oggi, gli stili architettonici cristiani continuano ad evolversi per riflettere le preferenze artistiche contemporanee. Molte chiese moderne sono costruite con materiali come vetro, cemento e acciaio, con design minimalisti e puliti. Alcune chiese moderne incorporano elementi di stili precedenti, come volte gotiche o affreschi barocchi.

L'islam : Le magnifiche moschee del mondo musulmano

I capolavori architettonici islamici (l'Alhambra, la Moschea Blu, il Masjid al-Haram, ecc.)

I capolavori architettonici islamici sono spettacolari testimoni della storia e della cultura dell'islam in tutto il mondo. Emergono in diverse regioni del mondo musulmano sin dalla nascita dell'islam nel VII secolo. I monumenti islamici presentano stili architettonici unici, caratterizzati da forme geometriche, motivi floreali e iscrizioni calligrafiche. Questi capolavori architettonici islamici riflettono la ricchezza e la diversità culturale dell'islam.

La Moschea Al-Masjid al-Haram, situata a La Mecca in Arabia Saudita, è uno dei più notevoli esempi di architettura islamica. È considerata la più sacra delle moschee dell'islam, essendo il luogo in cui i musulmani compiono il loro pellegrinaggio annuale a La Mecca. La moschea è stata ampliata e rinnovata più volte nel corso dei secoli, ma è rimasta fedele al suo design originale, che include un ampio cortile centrale, un minareto e la Kaaba, una struttura cubica situata all'interno del cortile verso cui i musulmani di tutto il mondo si rivolgono durante la preghiera.

L'Alhambra è un palazzo fortificato situato a Granada, in Spagna, costruito durante il regno dei Nasridi, l'ultima dinastia musulmana della penisola iberica. L'Alhambra è uno dei migliori esempi di architettura andalusa, un mix unico di stili islamici ed europei. Motivi geometrici e arabeschi adornano le pareti e i soffitti, mentre giardini interni, fontane e cortili creano un'atmosfera di pace e serenità. L'Alhambra è anche conosciuta per la sua spettacolare vista su Granada e le montagne circostanti.

La Moschea Blu, nota anche come Moschea di Sultan Ahmed, è un altro meraviglioso capolavoro dell'architettura islamica. Situata a Istanbul, in Turchia, è stata costruita all'inizio del XVII secolo durante il regno del sultano Ahmed I. La moschea prende il nome dagli splendidi mattoni blu di Iznik che rivestono le pareti interne. È anche nota per i suoi sei minareti, caratteristica rara per una moschea, e per la sua grande cupola centrale di 23 metri di diametro, circondata da semicupole e da quattro minareti più piccoli.

Il Masjid al-Haram, noto anche come la Grande Moschea, si trova a La Mecca in Arabia Saudita. È la più grande moschea del mondo e uno dei luoghi più sacri dell'islam. La moschea è famosa per la Kaaba, una struttura cubica in pietra nera, considerata come la direzione della preghiera per i musulmani. Nel corso dei secoli, la moschea è stata oggetto di numerose ristrutturazioni ed espansioni per soddisfare le esigenze dei pellegrini musulmani che affluiscono in gran numero per compiere l'Hajj.

Oltre a questi esempi, altre opere architettoniche islamiche includono la Moschea Hassan II a Casablanca, in Marocco, la Moschea di Sheikh Zayed ad Abu Dhabi, negli Emirati Arabi Uniti, il Taj Mahal in India e il Dôme du Rocher a Gerusalemme, in Palestina.

Questi monumenti islamici presentano particolarità architettoniche, ma condividono anche un comune carattere spirituale che è centrale nell'islam. L'arte islamica è spesso considerata un'espressione della fede islamica, della cultura e della civiltà, e rappresenta l'unione tra estetica e spiritualità.

In sintesi, l'architettura islamica è una testimonianza dell'eredità culturale e spirituale dell'islam in tutto il mondo. Le moschee e gli altri monumenti islamici sono splendidi esempi dell'unione tra spiritualità e arte e riflettono le profonde credenze dei musulmani nella bellezza della creazione divina.

L'arte e la decorazione nelle moschee: calligrafia, arabeschi e motivi geometrici

L'arte e la decorazione nelle moschee sono un'importante espressione della bellezza e della spiritualità della religione islamica. Le moschee sono luoghi di preghiera e culto, ma sono anche centri di arte e cultura islamica. L'arte islamica è ricca di colori, motivi geometrici e calligrafia araba.

La calligrafia araba è una forma d'arte molto importante nella cultura islamica. I testi sacri del Corano sono scritti in arabo e quindi la calligrafia araba è usata per rappresentare ed onorare questi testi. Le calligrafie arabe sono spesso utilizzate per decorare le pareti delle moschee, dei palazzi e degli altri edifici pubblici. Le calligrafie sono spesso molto dettagliate e complesse, con linee sottili e forme curve. Gli artisti calligrafi sono molto rispettati nella cultura islamica perché sono considerati i custodi del patrimonio culturale della religione musulmana.

I motivi geometrici sono anche molto importanti nell'arte islamica. I motivi vengono utilizzati per decorare pareti, soffitti, pavimenti e tessuti. I motivi geometrici sono spesso molto dettagliati e possono essere molto complessi. Le forme geometriche come quadrati, cerchi e triangoli sono spesso utilizzate per creare motivi più elaborati. I motivi geometrici simboleggiano l'ordine e l'armonia dell'universo.

Gli arabeschi sono complessi ed eleganti motivi decorativi che vengono utilizzati nell'arte islamica. Gli arabeschi sono spesso utilizzati per decorare pareti, soffitti e tessuti. Gli arabeschi sono motivi floreali o vegetali che sono generalmente simmetrici e ripetitivi. Gli arabeschi simboleggiano la bellezza e l'eleganza della natura.

I colori sono anche molto importanti nell'arte islamica. I colori utilizzati nelle moschee sono spesso vivaci e contrastanti. I colori vengono utilizzati per rappresentare la diversità e la ricchezza della cultura islamica. I colori più comunemente utilizzati nell'arte islamica sono il blu, il verde, il rosso, il giallo e il nero.

Importanza del concetto di unità nell'architettura e nella decorazione delle moschee

L'importanza del concetto di unità nell'architettura e nella decorazione delle moschee si basa sulla convinzione che l'unità sia uno dei valori fondamentali dell'islam. Le moschee, come luoghi di culto per i musulmani, sono progettate per rafforzare il senso di unità tra i fedeli e con Allah.

L'architettura delle moschee è generalmente incentrata sulla semplicità e sulla funzionalità, ma è dotata di caratteristiche uniche che la distinguono dagli altri edifici. Le moschee sono spesso costruite con elementi geometrici e motivi che rappresentano l'unità della creazione divina. Ad esempio, le moschee spesso presentano archi a ferro di cavallo, cupole e minareti, che simboleggiano l'unità e la verticalità della fede musulmana.

Inoltre, le moschee dispongono di spazi comuni per la preghiera collettiva, che riflettono l'importanza dell'unità nella pratica religiosa. Tappeti per la preghiera, pareti imbiancate a calce e mensole per riporre le scarpe dei fedeli sono elementi comuni nelle moschee che favoriscono l'unità e la semplicità. I fedeli sono incoraggiati a stare fianco a fianco durante la preghiera, senza distinzioni di razza, sesso o status sociale, sottolineando così l'importanza dell'unità nella pratica della fede musulmana.

La decorazione delle moschee è anche importante per rafforzare l'unità e la spiritualità. I motivi floreali e geometrici sulle pareti e sui pavimenti delle moschee sono spesso simmetrici, rappresentando l'armonia e l'equilibrio nella creazione divina. Le calligrafie del Corano, che spesso decorano le pareti, simboleggiano la centralità della parola di Dio nella vita dei musulmani e rafforzano la loro unità spirituale.

Oltre a rafforzare l'unità spirituale, le moschee offrono anche un luogo di incontro per i membri della comunità musulmana, promuovendo così i legami sociali e rafforzando l'unità tra di loro. Le moschee fungono da centri comunitari dove i musulmani possono riunirsi per attività sociali ed educative, oltre che per celebrare eventi religiosi. Le moschee sono anche luoghi di carità, dove i fedeli possono offrire denaro per aiutare i membri bisognosi della comunità.

Il giudaismo: sinagoghe e luoghi sacri

Le sinagoghe storiche e i luoghi sacri (Muro del pianto, Sinagoga di El Transito, ecc.)

Le sinagoghe sono luoghi di culto di grande importanza per le comunità ebraiche in tutto il mondo. Fin dall'Antichità, gli ebrei hanno costruito sinagoghe per riunirsi, pregare e studiare la Torah. In questa sezione, esploreremo le sinagoghe storiche e i luoghi sacri più significativi per la comunità ebraica.

La sinagoga più antica di cui si abbia conoscenza è la sinagoga di Dura Europos in Siria, risalente al III secolo d.c. Essa era situata in una città ellenistica e romana dell'est della Siria ed era decorata con affreschi raffiguranti scene bibliche. Questa sinagoga testimonia l'influenza della cultura ellenistica sulla comunità ebraica dell'epoca.

Un altro notevole esempio di sinagoga storica è la sinagoga di Beit Alpha in Israele, risalente al VI secolo d.c. Questa sinagoga è famosa per il suo magnifico pavimento in mosaico, che rappresenta una scena dell'Antico Testamento con il sacrificio di Isacco. Questo mosaico è considerato uno dei capolavori dell'antico arte ebraica.

La sinagoga di Colonia in Germania è anche una significativa sinagoga storica. Essa è stata costruita nel XII secolo ed è la sinagoga più antica dell'Europa settentrionale che sia sopravvissuta fino ai nostri giorni. La sinagoga di Colonia è un notevole esempio di architettura medievale, con i suoi spessi muri di pietra, gli archi gotici e le vetrate colorate.

Un altro importante esempio di sinagoga storica è la sinagoga di Cordova in Spagna. Essa fu costruita nel X secolo ed era all'epoca la più grande sinagoga del mondo. La sinagoga di Cordova è un notevole esempio di architettura islamica, con la sua cupola a campana, gli archi a ferro di cavallo e le pareti decorate con motivi geometrici.

La sinagoga di Praga nella Repubblica Ceca è anche una importante sinagoga storica. Essa fu costruita nel XVI secolo ed è considerata una delle sinagoghe più belle e sfarzose del mondo. La sinagoga di Praga è famosa per il suo interno riccamente decorato, con i suoi muri dipinti, le tappezzerie e i lampadari in cristallo.

Infine, il Muro del pianto a Gerusalemme è uno dei luoghi più sacri del giudaismo. Si tratta dei resti di un muro di sostegno del Secondo Tempio, distrutto dai Romani nel 70 d.C. Gli ebrei considerano il Muro del pianto come un luogo di preghiera e di riflessione, e persone provenienti da tutto il mondo vi giungono per deporre note e preghiere.

L'architettura e l'arte delle sinagoghe

L'architettura e l'arte delle sinagoghe sono evolute nel corso del tempo in risposta alle esigenze delle comunità ebraiche e all'evoluzione della loro fede. Le sinagoghe sono luoghi di culto per gli ebrei, dove essi si riuniscono per pregare, studiare la Torah e celebrare le feste religiose.

Nel corso dei secoli, le sinagoghe hanno assunto molte diverse forme architettoniche a seconda delle regioni e delle epoche. Le prime sinagoghe erano spesso case private trasformate in luoghi di culto, ma man mano che la comunità cresceva, le sinagoghe hanno cominciato ad essere costruite come edifici appositamente progettati per questa funzione.

Le sinagoghe più antiche di cui si ha conoscenza risalgono al III secolo a.c., nella città di Dura Europos, in Mesopotamia. Queste sinagoghe erano modeste e avevano muri di mattoni crudi. Le sinagoghe più recenti hanno assunto uno stile architettonico più elaborato, con cupole, archi e colonne, vetrate e mosaici.

Le sinagoghe ortodosse, che sono le più tradizionali, spesso hanno un bimah, un palco centrale rialzato, dove viene letta la Torah. Le sinagoghe riformate, che sono più moderne, spesso hanno un coro, dove si posizionano i musicisti e i coristi. Le sinagoghe conservatrici, che si collocano tra i due stili, presentano caratteristiche di entrambi.

Il santuario, dove si trova l'Arca Santa, è un elemento chiave della sinagoga. L'Arca Santa è un mobile nel quale vengono conservati i rotoli della Torah, il libro sacro degli ebrei. L'Arca Santa è spesso collocata sul muro orientale della sinagoga, in direzione di Gerusalemme, ed è decorata in modo elaborato. Le sinagoghe possono anche contenere una Ner Tamid, una lampada eterna che simboleggia la presenza divina nella sinagoga.

L'arte e la decorazione nelle sinagoghe si basano spesso su motivi e simboli ebraici, come la stella di David, il menorah (candelabro a sette bracci) e il leone di Giuda. Affreschi e mosaici possono rappresentare scene bibliche e storiche ebraiche.

In sintesi, le sinagoghe sono evolute nel tempo per riflettere le esigenze e le credenze delle comunità ebraiche. Possono avere forme architettoniche molto diverse, ma tutte contengono elementi chiave come l'Arca Santa e il santuario. L'arte e la decorazione nelle sinagoghe si basano spesso su motivi e simboli ebraici e possono rappresentare scene bibliche e storiche ebraiche.

Le differenze tra gli stili architettonici delle sinagoghe ashkenazite e sefardite

Le sinagoghe ashkenazite e sefardite presentano notevoli differenze architettoniche che riflettono le differenze culturali e storiche tra le comunità ebraiche dell'Europa centrale ed orientale e quelle di Spagna e del Medio Oriente.

Le sinagoghe ashkenazite sono conosciute per la loro architettura massiccia e imponente, con spessi muri e possenti pilastri per sostenere il tetto. Le sinagoghe ashkenazite sono spesso costruite in mattoni e sono decorate con motivi geometrici, simboli ebraici e testi sacri. I soffitti a volta sono spesso decorati con affreschi o dipinti raffiguranti scene bibliche. I bimah, dove il rabbino presiede i servizi religiosi, sono spesso situati al centro della sinagoga, simboleggiando l'importanza della comunità nella preghiera.

Le sinagoghe sefardite, d'altra parte, presentano un'architettura più elegante e riccamente ornata, con muri bianchi e soffitti in legno finemente intagliati. Le sinagoghe sefardite sono spesso decorate con piastrelle di ceramica e mosaici, oltre a motivi floreali e calligrafia araba. Le finestre sono spesso ampie, lasciando entrare la luce naturale e creando un'atmosfera più aperta e luminosa. I bimah sono spesso posizionati frontalmente alla sinagoga, vicino all'Arca Santa.

Per quanto riguarda la disposizione, le sinagoghe ashkenazite spesso hanno una pianta longitudinale, con l'Arca Santa situata all'estremità est della sinagoga. Le sinagoghe sefardite, invece, spesso hanno una pianta ad angolo, con l'Arca Santa nell'angolo. Le sinagoghe sefardite spesso presentano anche balconi per le donne, mentre le sinagoghe ashkenazite solitamente no.

Queste differenze architettoniche riflettono le diverse storie e culture delle comunità ebraiche ashkenazite e sefardite. Gli ebrei ashkenaziti hanno principalmente vissuto in Europa centrale e orientale, dove spesso sono stati perseguitati e oppressi, il che ha influenzato il loro approccio alla costruzione delle sinagoghe. Le sinagoghe ashkenazite sono state progettate per essere luoghi di rifugio e sicurezza, da cui la loro architettura massiccia e robusta.

Al contrario, gli ebrei sefarditi hanno principalmente vissuto in Spagna e nel mondo musulmano, dove spesso sono stati trattati con più tolleranza e rispetto. Le sinagoghe sefardite sono state progettate per essere luoghi di bellezza e spiritualità, da cui la loro architettura più elegante e ornata.

È importante notare che le differenze architettoniche non sono le uniche differenze tra le comunità ebraiche ashkenazite e sefardite. Le differenze culturali e religiose sono anch'esse importanti e influenzano le pratiche e le credenze di ciascuna comunità.

Tuttavia, la ricchezza e la diversità della cultura ebraica sono evidenziate dalle differenze tra gli stili architettonici delle sinagoghe ashkenazite e sefardite. Tali stili riflettono le differenze storiche, culturali e geografiche tra le comunità ebraiche dell'Europa orientale e del Medio Oriente.

Le credenze autoctone e i luoghi di culto poco conosciuti

Costruzioni e siti sacri meno noti (Stonehenge, Uluru, ecc.)

In questa sezione, esploreremo alcuni dei siti sacri meno conosciuti in tutto il mondo, che meritano particolare attenzione per il loro significato spirituale e culturale.

Inizieremo parlando di Stonehenge, un monumento megalitico situato nel sud dell'Inghilterra. Questo sito, costruito oltre 4.000 anni fa, è composto da un cerchio di pietre erette che circondano pietre più grandi. Gli studiosi credono che Stonehenge avesse una connotazione astronomica e fosse utilizzato per cerimonie religiose. Sebbene lo scopo esatto di questo sito resti un mistero, viene considerato un luogo di culto e spiritualità per molte persone in tutto il mondo.

In Australia, Uluru è un altro importante sito sacro per i popoli indigeni. Uluru, anche conosciuto come Ayers Rock, è un grande monolito di arenaria situato nel cuore del deserto australiano. Per gli Aborigeni, Uluru è considerato un luogo sacro e il centro del loro universo spirituale. Credono che il sito sia abitato da spiriti ancestrali e che sia sacro per la loro cultura. Ai visitatori viene incoraggiato a rispettare la cultura e le tradizioni degli Aborigeni e a non scalare Uluru.

In India, possiamo citare il tempio di Chennakesava a Belur, che rappresenta un eccezionale esempio di architettura Hoysala del XII secolo. Questo tempio è stato costruito per onorare Vishnu, una divinità induista, ed è famoso per le sue sculture elaborate e i complessi motivi. L'intero tempio rappresenta un impressionante esempio dell'arte e dell'architettura induiste, che continua ad ispirare artisti e architetti in tutto il mondo.

Il Tempio d'Oro a Amritsar, in India, è anche un importante luogo sacro per i sikh di tutto il mondo. Il tempio è ricoperto d'oro ed è situato su un lago sacro, circondato da un complesso di edifici che includono dormitori per i pellegrini e sale di preghiera. Il tempio è considerato un simbolo di fede e solidarietà sikh ed è meta di pellegrinaggio per milioni di persone ogni anno.

In Sudafrica, il tempio hindu Sri Sri Radha Radhanath a Durban è un luogo sacro unico nel suo genere. Il tempio è stato costruito nel 1985 ed è considerato uno dei più grandi templi hindu in Africa. Il tempio è dedicato a Krishna e Radha ed è adornato con sculture elaborate e complessi motivi hindu. Il tempio è anche noto per il suo festival annuale Diwali, che attira migliaia di visitatori ogni anno.

Infine, possiamo citare la Città Perduta di Teyuna, anche conosciuta come «La Ciudad Perdida», che è un sito archeologico precolombiano situato sulle montagne della Sierra Nevada in Colombia. La città fu costruita dalla civiltà Tayrona nell'XI secolo e fu abbandonata verso il XVI secolo. La Città Perduta è considerata un luogo sacro dai popoli indigeni della regione ed è oggi un luogo di pellegrinaggio per gli adepti dello sciamanismo e della spiritualità.

In conclusione, questi siti sacri meno noti offrono uno sguardo affascinante sulla ricchezza e la diversità delle credenze e delle culture in tutto il mondo. Sono testimoni importanti della storia e della spiritualità dell'umanità e meritano rispetto e preservazione per le generazioni future. Ci ricordano anche che la spiritualità è un aspetto fondamentale dell'esperienza umana che trascende le barriere geografiche e culturali.

Il significato spirituale e culturale di questi luoghi per i popoli indigeni

I popoli indigeni hanno un profondo e sacro legame con la natura, che si riflette nelle loro credenze e pratiche religiose. Per loro, la terra, l'acqua, il fuoco e l'aria sono elementi vitali e sacri che meritano rispetto e protezione. I luoghi di culto indigeni spesso sono siti naturali come montagne, fiumi, laghi, grotte o alberi sacri, che sono considerati luoghi di potere spirituale.

Questi luoghi di culto sono spazi in cui è possibile riconnettersi con la natura e trovare armonia con l'ambiente, sviluppando una relazione più profonda con gli elementi naturali che li circondano. Le credenze indigene spesso si basano sull'idea che gli esseri umani facciano parte di un tutto più grande e interconnesso, in cui le azioni di ognuno hanno ripercussioni sull'intero. Pertanto, i luoghi di culto sono anche luoghi in cui è possibile imparare a vivere in armonia con la natura, rispettare i suoi cicli e prendersene cura.

Per i popoli indigeni, questi luoghi di culto sono molto più di semplici siti religiosi. Sono simboli dell'identità culturale e della saggezza ancestrale, tramandata di generazione in generazione. I siti sacri indigeni sono spesso legati a storie e leggende che raccontano la storia della creazione del mondo, della nascita dei popoli indigeni e delle divinità che li proteggono. I luoghi di culto sono anche spazi in cui è possibile connettersi con i propri antenati, onorarne la memoria e chiedere consigli.

Le credenze indigene sono spesso integrate nelle pratiche quotidiane delle comunità indigene, e la loro influenza è visibile nell'arte, nella musica, nella danza e nei rituali. I luoghi di culto indigeni sono spesso utilizzati per cerimonie, preghiere e rituali, che hanno lo scopo di onorare gli antenati, gli spiriti della natura e le divinità. Le pratiche religiose sono spesso legate alla vita quotidiana e possono includere attività come la caccia, la pesca, la raccolta di cibo, l'agricoltura e l'artigianato.

I siti sacri indigeni sono spesso minacciati dalle attività industriali, dai progetti di sviluppo e dai cambiamenti climatici. I popoli indigeni si battono per proteggere questi siti non solo per la loro importanza spirituale e culturale, ma anche per il loro ruolo nella salvaguardia dell'ambiente e della biodiversità. La perdita di questi luoghi di culto significa la perdita di una parte significativa della cultura indigena e della saggezza ancestrale.

In definitiva, i luoghi di culto indigeni sono testimoni della diversità delle credenze e della ricchezza culturale dell'umanità. Offrono preziose lezioni su come gli esseri umani possano vivere in armonia con la natura e tra loro, e sono una fonte di ispirazione per le future generazioni. La loro protezione e conservazione è un compito che spetta a tutti, affinché i popoli indigeni possano continuare a praticare la propria religione e a trasmettere la loro saggezza alle generazioni future.

Riflessione sull'importanza e l'impatto delle credenze nel nostro mondo

Le lezioni tratte dalla storia delle credenze e la loro influenza sulla società

Le credenze hanno sempre svolto un ruolo importante nella società. Nel corso dei secoli, le religioni hanno influenzato la cultura, l'arte, la filosofia e persino la politica. Esaminando la storia delle credenze in tutto il mondo, possiamo trarre importanti insegnamenti sull'impatto delle credenze sulla società.

Uno dei primi insegnamenti che possiamo trarre è l'importanza della tolleranza religiosa. I conflitti tra diverse religioni hanno spesso portato a guerre e violenze. La storia ci mostra che la convivenza pacifica tra religioni è possibile, come dimostrato dalla Spagna medievale in cui cristiani, ebrei e musulmani hanno convissuto pacificamente per secoli. Gli esempi storici di tolleranza religiosa dimostrano che il dialogo interreligioso e la comprensione reciproca possono essere strumenti efficaci per prevenire i conflitti religiosi.

Un altro importante insegnamento che possiamo trarre dalla storia delle credenze è la necessità della libertà di religione. Le restrizioni e le proibizioni religiose hanno spesso portato alla persecuzione e alla discriminazione religiosa. Gli esempi dell'Inquisizione spagnola, del regime comunista cinese e della Rivoluzione francese ci ricordano l'importanza della libertà di religione.

Inoltre, la storia delle credenze ci insegna l'importanza della separazione tra Chiesa e Stato. I regimi teocratici hanno spesso portato alla tirannia e all'oppressione. La separazione tra Chiesa e Stato garantisce la libertà di coscienza e di culto.

Un altro importante insegnamento che possiamo trarre dalla storia delle credenze è la capacità delle religioni di promuovere la carità e la benevolenza verso gli altri. Le credenze sono spesso state all'origine di movimenti umanitari e dell'istituzione di organizzazioni benefiche. Ad esempio, la dottrina cristiana della carità ha ispirato numerose organizzazioni benefiche come la Croce Rossa e Medici Senza Frontiere.

Infine, la storia delle credenze ci mostra l'importanza della spiritualità nella nostra vita. Le credenze hanno spesso fornito fonti di ispirazione e motivazione per individui, comunità e nazioni. Le credenze hanno aiutato le persone a trovare significato e scopo nella loro vita, nonché a superare difficoltà e sfide. Gli esempi dell'importanza della spiritualità si trovano in tutte le religioni e in tutte le culture.

Il futuro delle credenze e il loro potenziale ruolo nella promozione della pace, della giustizia e della solidarietà

Le credenze religiose hanno svolto un ruolo centrale nella vita umana per migliaia di anni. Hanno contribuito a strutturare le società, ispirato opere d'arte e letteratura straordinarie e modellato il nostro modo di percepire il mondo che ci circonda. Nonostante i rapidi cambiamenti sociali e tecnologici del nostro tempo moderno, le credenze religiose continuano a svolgere un ruolo importante nella vita di milioni di persone in tutto il mondo. Quindi, quale è il ruolo delle credenze religiose nel futuro del nostro mondo e come possono contribuire alla promozione della pace, della giustizia e della solidarietà?

Innanzitutto, è importante riconoscere che le credenze religiose sono diverse e variegate, con opinioni e pratiche differenti. Alcune persone vedono la religione come una forza positiva che può dare significato alla loro vita, mentre altre possono vederla come fonte di conflitto e divisione. È quindi importante rispettare la diversità delle credenze religiose e ascoltare le opinioni di ciascuno, senza giudicare.

In un mondo in cui la pace, la giustizia e la solidarietà sono sempre più messe alla prova, le credenze religiose possono svolgere un ruolo importante nel motivare le persone a concentrarsi su ciò che le unisce piuttosto che su ciò che le divide. Le religioni possono offrire un quadro morale ed etico che può aiutare a guidare le persone verso comportamenti più positivi e benevoli nei confronti degli altri. Le credenze religiose possono anche incoraggiare gli individui a impegnarsi in cause altruistiche, come la lotta contro la povertà e l'ingiustizia sociale.

Tuttavia, affinché le credenze religiose svolgano un ruolo positivo nella promozione della pace, della giustizia e della solidarietà, è importante che i credenti si impegnino a promuovere valori di tolleranza, rispetto e comprensione reciproca verso coloro che hanno credenze diverse. Ciò può avvenire attraverso il dialogo interreligioso e la collaborazione per risolvere i problemi sociali. I credenti devono anche essere consapevoli di come la loro religione possa essere fraintesa e utilizzata per giustificare la violenza o l'intolleranza nei confronti degli altri.

Infine, perché le credenze religiose continuino a svolgere un ruolo importante nella società, è importante che le religioni si adattino ai cambiamenti sociali e tecnologici. Ciò può comportare una revisione di credenze e pratiche obsolete, nonché l'utilizzo di nuove tecnologie per promuovere messaggi positivi di pace e solidarietà.

L'emergere di una spiritualità globale e la ricerca di un significato universale

Nel corso dei secoli, le credenze sono state la spinta dell'umanità, plasmando culture, società e nazioni. Tuttavia, gli ultimi decenni hanno visto l'emergere di un nuovo fenomeno: la spiritualità globale. Questa nuova forma di spiritualità va oltre le frontiere culturali e religiose e si concentra sulla ricerca di un significato universale.

Questa spiritualità globale può essere considerata una risposta alle sfide del nostro tempo. In un mondo sempre più connesso, la diversità culturale e religiosa è più evidente che mai, ma questo può anche portare a divisioni e conflitti. La spiritualità globale cerca di unire le persone focalizzandosi sui valori e i principi comuni che vanno oltre le differenze culturali e religiose.

La spiritualità globale si concentra sulla connessione dell'individuo con il mondo che lo circonda, compresa la natura, gli altri esseri umani e il divino. Inoltre, incoraggia la riflessione sullo scopo e il significato della vita, così come la responsabilità individuale nella creazione di un mondo migliore.

Questa nuova forma di spiritualità spesso si basa su tradizioni religiose e filosofiche esistenti, attingendo dagli insegnamenti del buddhismo, dell'induismo, del taoismo e del cristianesimo. Tuttavia, non si limita a una tradizione specifica, ma cerca invece di integrare gli aspetti più profondi e significativi di ciascuna tradizione in un insieme coerente.

Uno degli aspetti chiave della spiritualità globale è la ricerca di un significato universale. La maggior parte delle tradizioni religiose e filosofiche propone una visione del mondo che può sembrare contraddittoria o incompatibile con altre visioni. La spiritualità globale, al contrario, cerca di superare queste differenze e trovare un significato comune che possa essere compreso e accettato da tutti.

Questa ricerca di un significato universale è stata alimentata anche dai progressi della scienza, che hanno consentito una comprensione più profonda della natura e del nostro ruolo nell'universo. La spiritualità globale cerca di integrare questa comprensione scientifica nella sua visione del mondo, utilizzando le conoscenze scientifiche per ampliare la nostra comprensione della vita e del nostro ruolo nell'universo.

Tuttavia, la spiritualità globale non deve essere confusa con l'ateismo o il rifiuto delle tradizioni religiose esistenti. Cerca piuttosto di superare i limiti di queste tradizioni per trovare un significato più profondo e universale.

In definitiva, la spiritualità globale è un movimento che cerca di unire anziché dividere. È una risposta alle sfide del nostro tempo, che richiedono una visione del mondo che vada oltre le differenze culturali e religiose. Abbracciando la diversità, integrando la comprensione scientifica e cercando un significato universale, la spiritualità globale può contribuire a plasmare un mondo più equo, pacifico ed armonioso.

Il futuro dei costruttori di Dio e il ruolo della religione nella società moderna

Le sfide e le opportunità per le religioni e i luoghi di culto di fronte alla secolarizzazione e ai cambiamenti socioculturali

Le religioni e i luoghi di culto si trovano di fronte a notevoli sfide nel mondo moderno, in particolare di fronte alla secolarizzazione e ai cambiamenti socioculturali. La secolarizzazione, che è la tendenza ad allontanarsi dalla religione e alla diminuzione della sua influenza nella sfera pubblica, è aumentata costantemente nel corso del secolo scorso. Infatti, le società moderne tendono a dare maggiore importanza alla razionalità, alla scienza e alla tecnologia, relegando quindi la religione in secondo piano.

La prima sfida per le religioni è quindi quella di mantenere la loro rilevanza nel mondo moderno, rimanendo in sintonia con le aspirazioni e i bisogni della società contemporanea. Le religioni devono adattarsi ai rapidi e profondi cambiamenti socioculturali al fine di rimanere rilevanti e continuare a rispondere alle preoccupazioni dei fedeli.

Le religioni devono anche affrontare la concorrenza delle nuove forme di spiritualità, spesso più individualiste e meno istituzionalizzate. Le nuove forme di spiritualità possono essere vissute al di fuori dei luoghi di culto tradizionali, il che rappresenta una concorrenza per le religioni consolidate.

Pertanto, le religioni devono essere in grado di rispondere a queste nuove tendenze proponendo forme di spiritualità che siano in sintonia con le aspirazioni degli individui.

Infine, le religioni devono affrontare le sfide poste dalla globalizzazione e dalla diversità culturale. Le religioni si trovano sempre più a confronto con culture e credenze diverse, il che può talvolta essere causa di conflitti e tensioni. Pertanto, le religioni devono essere in grado di promuovere il dialogo interculturale e la comprensione reciproca al fine di creare ponti tra le diverse culture e credenze.

Nonostante queste sfide, le religioni e i luoghi di culto hanno anche numerose opportunità. Infatti, le religioni possono svolgere un ruolo importante nella costruzione di una società più giusta, equa e solidale. Le religioni possono inoltre contribuire alla promozione della pace e del dialogo interreligioso, creando spazi di incontro e dialogo tra le diverse comunità religiose.

Le religioni possono anche essere un motore di cambiamento sociale, incoraggiando l'impegno civico e difendendo i diritti umani. Le religioni possono inoltre svolgere un ruolo importante nella promozione della dignità umana e nella lotta contro le disuguaglianze.

Infine, le religioni hanno anche la possibilità di svolgere un ruolo di primo piano nella conservazione del patrimonio culturale e architettonico. I luoghi di culto sono spesso simboli della ricchezza culturale dell'umanità e quindi le religioni hanno la responsabilità di preservarli e trasmetterli alle generazioni future.

La conservazione e la trasmissione del patrimonio religioso e culturale

La conservazione e la trasmissione del patrimonio religioso e culturale sono fondamentali per comprendere l'evoluzione delle credenze e il loro impatto sulla società. È importante preservare i siti sacri, i monumenti, le opere d'arte e i testi religiosi per le generazioni future, in modo che possano comprendere e apprezzare la storia e la diversità delle religioni in tutto il mondo.

I siti sacri, come i templi, le chiese, le moschee e le sinagoghe, sono testimonianze preziose della storia religiosa e culturale dell'umanità. Pertanto, la conservazione di questi edifici è di primaria importanza. I governi, le organizzazioni non governative, i gruppi religiosi e gli individui devono lavorare insieme per preservare, mantenere e, se necessario, restaurare questi siti. Le moderne tecnologie, come la digitalizzazione e la mappatura in 3D, possono contribuire a preservare i siti creando copie digitali di alta qualità degli edifici.

Le opere d'arte religiose, come i dipinti, le sculture e i manoscritti, sono anche importanti testimonianze della storia religiosa e culturale. La digitalizzazione di queste opere d'arte consente di conservarle e condividerle con un pubblico più ampio. I musei, le biblioteche e gli archivi hanno un ruolo cruciale nella conservazione e nella trasmissione di queste opere d'arte.

La trasmissione del patrimonio religioso e culturale deve anche essere incoraggiata attraverso l'istruzione. I programmi scolastici devono includere lo studio delle diverse religioni e credenze affinché i bambini possano comprendere e rispettare la diversità religiosa e culturale del nostro mondo. Le università e i centri di ricerca devono essere incoraggiati a continuare lo studio e la ricerca sulle diverse religioni e credenze al fine di favorire una migliore comprensione del loro impatto sulla società.

Infine, le comunità religiose devono anche svolgere un ruolo nella trasmissione del loro patrimonio culturale e religioso. Le cerimonie, i rituali e le pratiche religiose sono mezzi importanti per trasmettere la fede e la tradizione alle generazioni future. I gruppi religiosi devono incoraggiare la partecipazione dei giovani e delle nuove generazioni nella pratica religiosa per mantenere viva la tradizione.

In conclusione, la conservazione e la trasmissione del patrimonio religioso e culturale sono importanti questioni per comprendere la storia delle credenze religiose e il loro impatto sulla società. La collaborazione tra governi, organizzazioni non governative, gruppi religiosi, individui e istituzioni educative è essenziale per preservare queste testimonianze preziose per le generazioni future.

L'importanza delle realizzazioni architettoniche e artistiche come testimoni della diversità delle credenze e della ricchezza culturale dell'umanità

Le realizzazioni architettoniche e artistiche sono importanti testimoni della diversità delle credenze e della ricchezza culturale dell'umanità. Gli edifici religiosi, i monumenti e le opere d'arte sono manifestazioni tangibili dell'espressione della fede e delle pratiche spirituali delle diverse culture. Sono anche testimonianze storiche della trasmissione delle tradizioni e delle credenze nel corso dei secoli.

Queste realizzazioni architettoniche e artistiche possono assumere forme diverse a seconda delle credenze, delle culture e delle epoche. Le cattedrali gotiche europee, i templi buddisti in Asia, le moschee in Medio Oriente, le piramidi egizie, i santuari naturali dei popoli indigeni e le opere d'arte religiose sono tutti esempi dell'espressione artistica e architettonica della fede.

Queste realizzazioni testimoniano anche le competenze tecniche e artistiche dei popoli che le hanno create. Gli edifici religiosi sono spesso stati i più grandi e imponenti della loro epoca, richiedendo competenze in matematica, ingegneria e scultura per la loro costruzione. Anche le opere d'arte sono state realizzate con grande maestria tecnica, unendo l'estetica alla simbologia per trasmettere i messaggi spirituali.

Queste realizzazioni architettoniche e artistiche hanno anche svolto un ruolo importante nella trasmissione delle credenze e delle tradizioni attraverso le generazioni. Gli edifici religiosi sono spesso situati in posizioni centrali della comunità, fungendo da luoghi di incontro per le cerimonie religiose e gli eventi comunitari. Le opere d'arte sono state utilizzate per illustrare i testi sacri, insegnare i valori spirituali e ispirare i fedeli.

Infine, queste realizzazioni architettoniche e artistiche sono testimoni della capacità delle diverse culture di coesistere pacificamente e arricchirsi reciprocamente. Gli edifici religiosi e le opere d'arte sono spesso influenzati dai diversi stili artistici e architettonici delle culture circostanti, creando mescolanze uniche e affascinanti.

In conclusione, le realizzazioni architettoniche e artistiche sono testimonianze importanti della diversità culturale e spirituale dell'umanità. Esse testimoniano l'espressione della fede, delle competenze tecniche e artistiche, della trasmissione delle tradizioni e delle credenze, nonché della pacifica coesistenza delle culture. Sono testimonianze di inestimabile valore della storia e dell'evoluzione delle credenze e delle culture e meritano di essere conservate per le generazioni future.

Ringraziamento

Desidero ringraziare tutti i lettori di questo libro per il loro interesse e la loro curiosità nei confronti delle credenze religiose. Studiando queste credenze, possiamo comprendere meglio la nostra storia, la nostra cultura e la nostra identità come esseri umani. La vostra lettura e riflessione su questi argomenti contribuiscono a un dialogo interculturale essenziale per una società più giusta e pacifica.

Sono grato a tutti i ricercatori, storici, teologi e antropologi il cui lavoro è stato una fonte di ispirazione inestimabile per questo libro. I loro contributi hanno permesso di fornire informazioni preziose sulla storia e la diversità delle credenze religiose.

Ringrazio anche tutte le persone che hanno contribuito alla realizzazione di questo libro. Revisori, lettori di correzione, designer e sostenitori personali che si riconosceranno coinvolti direttamente o indirettamente per produrre un libro di qualità che permette ai lettori di imparare di più su questo affascinante argomento.

Infine, desidero esprimere la mia gratitudine a tutti i popoli, le culture e le religioni del mondo, le cui credenze hanno plasmato la nostra storia e la nostra società. Il vostro patrimonio e il vostro contributo alla diversità culturale dell'umanità sono inestimabili e spero che questo libro contribuisca a una migliore comprensione e apprezzamento della ricchezza delle vostre credenze.

Grazie a tutti.